McKay
Das Atomzeitalter

H. A. C. McKay

Das Atomzeitalter

Von den Anfängen zur Gegenwart

Übersetzt von E. Lippert

Springer-Verlag
Berlin Heidelberg New York
London Paris Tokyo

Dr. H. Alwyn C. McKay
Suilven, 3 Grange Close, Goring, Reading RG8 9DY,
United Kingdom

Übersetzer: Prof. Dr. Ernst Lippert
Iwan N. Stranski-Institut für Physikalische und Theoretische
Chemie der Technischen Universität Berlin, Straße des 17. Juni 112,
D-1000 Berlin 12

Englische Originalausgabe erschien in der Oxford University Press,
Oxford unter dem Titel: Alwyn McKay, *The Making of the Atomic Age.*
© H.A.C. McKay 1984

Mit 19 Abbildungen und 14 Tafeln

ISBN-13:978-540-50759-8   e-ISBN-13:978-3-642-74424-2
DOI: 10.1007/978-3-642-74424-2

CIP-Titelaufnahme der Deutschen Bibliothek.
McKay, H.A.C.: Das Atomzeitalter: von den Anfängen zur Gegenwart/
H.A.C. McKay. Übers. von E. Lippert. - Berlin; Heidelberg; New York;
London; Paris; Tokyo: Springer, 1989
Einheitssacht.: The making of the atomic age <dt.>
ISBN-13:978-540-50759-8

Dieses Werk ist urheberrechtlich geschützt. Die dadurch begründeten Rechte, insbesondere die der Übersetzung, des Nachdrucks, des Vortrags, der Entnahme von Abbildungen und Tabellen, der Funksendung, der Mikroverfilmung oder der Vervielfältigung auf anderen Wegen und der Speicherung in Datenverarbeitungsanlagen, bleiben, auch bei nur auszugsweiser Verwertung, vorbehalten. Eine Vervielfältigung dieses Werkes oder von Teilen dieses Werkes ist auch im Einzelfall nur in den Grenzen der gesetzlichen Bestimmungen des Urheberrechtsgesetzes der Bundesrepublik Deutschland vom 9. September 1965 in der Fassung vom 24. Juni 1985 zulässig. Sie ist grundsätzlich vergütungspflichtig. Zuwiderhandlungen unterliegen den Strafbestimmungen des Urheberrechtsgesetzes.

© Springer-Verlag Berlin Heidelberg 1989

Die Wiedergabe von Gebrauchsnamen, Handelsnamen, Warenbezeichnungen usw. in diesem Werk berechtigt auch ohne besondere Kennzeichnung nicht zu der Annahme, daß solche Namen im Sinne der Warenzeichen- und Markenschutz-Gesetzgebung als frei zu betrachten wären und daher von jedermann benutzt werden dürften.

Gesamtherstellung: Appl, Wemding. 2151/3140-543210
Gedruckt auf säurefreiem Papier

Vorwort zur deutschen Ausgabe

Es ist schwer, in einer Zeit kritischer Wertung und emotionaler Kontroverse über Atomenergie zu schreiben. Atomkraft ist uns suspekt, erinnert uns an Atombomben und Reaktorunfälle. Nüchtern betrachtet, bedeutet Atomkraft das Nutzbarmachen einer natürlichen Eigenschaft der Materie: der Energie, die beim Spalten oder Verschmelzen von Atomkernen freigesetzt wird. Wenige Bücher stellen das Atomzeitalter neutral dar: machen wissenschaftliche und politische Entscheidungen aus der eigenen Zeit verständlich, nicht aus der Sicht des zeitlich Späteren.

Der deutsche Leser findet im vorliegenden Buch nicht nur eine britische Version über die Entwicklungen zum Atomzeitalter, sondern auch den Versuch einer unvoreingenommenen Geschichtsdarstellung.

Alwyn McKays Buch ist Zeitgeschichte und Zeitgeschehen. Es regt zum Nachdenken darüber an, wie es zur heutigen Situation kommen konnte, welche alternativen Entwicklungen möglich gewesen wären.

Zum Zustandekommen der deutschen Ausgabe hat der Autor dankenswerterweise selbst mit wesentlichen Ergänzungen und auch beim Korrekturlesen beigetragen. Wenige Anmerkungen stammen vom Übersetzer, der Frau Anita Harnack für das Schreiben des Manuskripts dankt.

Ernst Lippert

Vorwort der englischen Ausgabe

Dieses Buch beschreibt das Atomzeitalter und damit die ersten sechzig Jahre unseres Jahrhunderts. Wissenschaftliche Entdekkungen und historische Entscheidungen auf der ganzen Welt, besonders der Kriegsgegner des 2. Weltkriegs sind Gegenstand dieses Buches.

Es ist Ziel des Autors, die Vorgänge und Abläufe in einer verständlichen Sprache aufzuzeichnen und dabei den roten Faden der Entwicklung deutlich aufzuzeigen. Dabei war eine Auswahl historischer Fakten und Persönlichkeiten notwendig. Im Vordergrund der Darstellung stehen daher die Wissenschaftler und ihre Beweggründe. Eine kleine Auswahl weiterführender Literatur soll denen als Wegweiser dienen, die tiefer in die Materie eindringen wollen.

Am Anfang standen rein wissenschaftliche Entdeckungen. Die Entdeckung der Kernspaltung fand 1939 das Interesse der Militärs, die in den USA das gewaltige *Manhattan-Project* unterstützten und damit die Entwicklung wesentlich beschleunigten. Das Ergebnis waren die Bombenabwürfe auf Hiroshima und Nagasaki. In den 50er Jahren wurde dann die Ausbeutung der Kernkraft industriell entwickelt. Obwohl Nichtwissenschaftler die militärischen und technischen Entwicklungen leichter verstehen, hofft der Autor, daß sie auch die ersten vier Kapitel lesen werden. Nur dann kann man verstehen, wie sich eine Wissenschaft zur Technologie entwickelt. Eine kurze Beschreibung des Atomkerns und seiner Eigenschaften im Anhang soll das Verstehen der Zusammenhänge erleichtern.

Dieses Buch wäre unvollständig ohne eine kurze Darstellung der Entwicklung der Kernenergie; in Kapitel 14 wird dieses weite Feld angerissen. Die ganze kontroverse Grundlagendiskussion kann auf dem zur Verfügung stehenden Platz nicht ausgebreitet werden. Der Autor glaubt aber, er stellt die Fakten richtig dar.

Quellen längerer Zitate stehen im Text oder am Ende des Buches. Die wörtlich zitierten Aussagen stammen aus verläßlichen

Originalquellen und sind keine mehr oder weniger plausiblen Nachdichtungen.

Die Ansichten, Meinungen und Bewertungen geben die Meinung des Autors wieder und nicht die seines früheren Arbeitgebers, der *United Kingdom Atomic Energy Authority* (Britische Atomenergiebehörde).

Der Autor dankt seinen Freunden für Anregungen zur Verbesserung des ersten Entwurfs. Besonders dankt er Laura Arnold, Jim und Peter Baynard-Smith, Brian Wade und Professor Gilbert Walton und nicht zuletzt Angela Rattue für das Abschreiben des Manuskripts.

H. A. C. McKay

Inhaltsverzeichnis

1 Das Geheimnis der Atome lüftet sich 1
2 Die frühen 30er Jahre: Ein goldenes Zeitalter der Atomphysik 14
3 Die Kernspaltung wird entdeckt: Der Würfel ist gefallen 22
4 Entscheidung im Experiment: Gibt es die Kettenreaktion? 29
5 Kriegsbeginn: Die deutschen Wissenschaftler sind führend 41
6 Englands Entscheidung für die Atombombenforschung 51
7 Amerika beginnt den Wettlauf um die erste Atombombe 60
8 Kernsprengstoffe I: Anreicherung eines Uranisotops 80
9 Kernsprengstoffe II: Produktion des Plutoniums . 88
10 Die Atombombentechnologie wird entwickelt .. 99
11 Wie weit sind die Deutschen mit der Bombe? ... 111
12 Hiroshima und Nagasaki 121
13 Nachkriegsjahre: Die Mitläufer schließen auf ... 131
14 Energie für die Welt 142

Anhang: Ein paar Erklärungen zum Atomkern 153
Weiterführende Literatur 156
Namenverzeichnis 160
Sachverzeichnis 163

1 Das Geheimnis der Atome lüftet sich

Nur wenige Leute können sich glücklicher gefühlt haben als die Wissenschaftler, die in der ersten Hälfte unseres Jahrhunderts die Geheimnisse des Atoms und seines Kerns entdeckten. Ihre Arbeit war fesselnd, aufregend und für sie zweifellos auch wichtig. Sie waren ihr verfallen; sie erwarteten weniger öffentlichen Ruhm und Anerkennung, als vielmehr mit Spannung die nächsten Erfolge sowie die Zustimmung und den Beifall ihrer Kollegen.

Was sie zustande brachten war eine revolutionäre Änderung in unseren Vorstellungen über die Natur der Materie. Abstrakte Gelehrtheit? Ja. Aber es führte zur Atombombe und zur Kernenergie.

Das 19. Jahrhundert erlebte den Aufbau eines prächtigen theoretischen Gebäudes für die Darstellung des Weltalls, - so prachtvoll und harmonisch, daß wir es die *klassische Physik* nennen. Sie erreichte so triumphale Erfolge wie die Vorhersagen von der Existenz des Planeten Neptun und der Radiowellen, die in jedem Falle von direkten Beobachtungen bestätigt wurden. Einige Wissenschaftler jener Zeit waren der Meinung, daß alles Wichtige entdeckt worden sei. Aber die folgenden Dekaden brachten eine Lawine neuer Erkenntnisse, die mit den existierenden Theorien meist gar nicht erklärt werden konnten.

Wenn wir heute zurückblicken, so muß es uns überraschen, daß die Grenzen der klassischen Physik damals nicht besser erkannt wurden. Das meiste aus der Chemie lag beispielsweise außerhalb der Betrachtungen. Die Chemiker des vorigen Jahrhunderts kannten ca. achtzig verschiedene Atomarten, sie hatten viele Regeln über ihre unterschiedlichen Verhaltensweisen abgeleitet, etwa die Gesetze der Bildung von Molekülen. Die bekannten physikalischen Gesetze waren nicht nur unfähig, dies alles zu erklären, sondern sie waren überhaupt nicht anwendbar.

In den späten neunziger Jahren kamen ganze Gebiete von bis dahin unerwarteten Vorgängen ans Tageslicht. Zwei Entdeckungen waren das Ergebnis glücklicher Zufälle, nämlich die der Röntgen-Strahlen durch Wilhelm Röntgen in Würzburg 1895 und die einer ungewöhnlichen Strahlung des Urans, die eine photographische Platte schwärzt, durch Henri Becquerel in Paris 1896. Andererseits war die Erkennung der Natur des Elektrons durch Joseph John Thomson im *Cavendish Laboratorium* in Cambridge 1897 das Ergebnis wohlüberlegter Gasentladungsuntersuchungen. Damit vergleichbar ist die

Das Geheimnis der Atome lüftet sich

Entdeckung der Elemente Polonium und Radium an ihrer Strahlung, die der des Urans ähnlich aber intensiver ist, durch Pierre und Marie Curie 1898, eine Frucht der weiteren systematischen Verfolgung von Becquerels Beobachtungen. Sie nannten diese ganze Erscheinung *Radioaktivität*.

Das langwierige Ringen der Curies ist eine der heroischen Taten aus den Naturwissenschaften. In einem kalten und schlecht ausgerüsteten Verschlag der *Schule für Physik* in Paris bewiesen sie das Vorkommen von Radium durch seine Abtrennung aus einer ganzen Tonne von Rückständen aus den Uranminen von Joachimstal und machten es sichtbar und meßbar (Tafel 1). Voller Eifer plagten sie sich 45 Monate lang mit ihrer Aufgabe, lebten fast in Armut und ohne sich richtig zu ernähren. Ihr Ziel war wissenschaftliche Erkenntnis; noch ahnte niemand, wozu Radium verwendet werden könnte. Am Ende hatten sie $1/10$ g der hart erarbeiteten Substanz, eine Reihe von Forschungspublikationen mit ihrem Namen und eine wachsende Korrespondenz mit führenden europäischen Wissenschaftlern. Ein Jahr später konnten sie ihre Berühmtheit feststellen, mit dem Nobelpreis als höchster Auszeichnung sowie anderen hohen Ehrungen. Der Ruhm brachte ihnen Geld und hohe Lebensqualitäten, aber gelegentlich empfanden sie es als lästig, daß sie durch die damit verbundenen Verpflichtungen von ihrer Arbeit abgehalten wurden.

Pierre Curie war der absolut zerstreute Professor. So gibt es die Anekdote, daß die Köchin der Curies, um gelobt zu werden, sich erkundigte, ob ihm das Steak, das er gerade mit großem Appetit verspeist hatte, geschmeckt habe. „Habe ich ein Steak gegessen?" erkundigte er sich unsicher, ergänzte dann aber in der Vermutung, etwas Unrechtes gesagt zu haben, „das ist durchaus möglich". Er war völlig seiner Arbeit hingegeben und ging davon aus, daß sich auch Marie der *Herrschaft* ihrer Ideen aufopferte. Marie hatte jedoch manchmal ein Verlangen nach einem normaleren Leben und deshalb tadelte sie sich wegen ihrer Schwäche.

Das *Institut de Radium,* das einige Jahre nach Pierres tragischem Tod bei einem Verkehrsunfall im Jahr 1906 gegründet wurde, war einer ihrer Träume. Nach dem ersten Weltkrieg verbrachte Marie dort ihre meiste Zeit und arbeitete an ihrem Lieblingsthema Radioaktivität.

Die Geschichte der Curies wurde Teil der volkstümlichen Vorstellungen von Naturwissenschaftlern, die ein romantisches aber untypisches Bild von ihnen vermitteln.

Das Leben und die Persönlichkeit von Ernest Rutherford liefern dafür einen Kontrast, wie er besser nicht dargestellt werden kann. Nahezu das Einzige, was er mit den Curies gemein hatte, war die Leidenschaft für die Radioaktivitätsforschung. Er kam 1895 von Neuseeland nach Cambridge, um bei J. J. Thomson zu arbeiten, und erfuhr dort von den Entdeckungen Becquerels und der Curies. Dies verleitete ihn dazu, sich sein ganzes Leben dem Studium der Radioaktivität hinzugeben. Von Cambridge aus folgte er Rufen

Das Geheimnis der Atome lüftet sich

nach Montréal (im Alter von 28) und Manchester, um schließlich 1919 als Cavendish-Professor und Nachfolger von J.J. Thomson nach Cambridge zurückzukehren. Er wurde 1914 zum Sir Ernest Rutherford, obwohl seine kleine Tochter Zweifel hatte, ob er würdevoll genug sei, und 1931 zum Lord Rutherford of Nelson geadelt. Eine großartige Karriere!

An der McGill-Universität in Montréal arbeitete er mit einem hervorragenden jungen Chemiker, Frederick Soddy, aus Oxford zusammen, dessen Geschicklichkeit gerade die richtige Ergänzung für seine eigenen Erfahrungen abgab. Im Verlauf von nur zwei Jahren bewiesen die beiden mit ihren Experimenten, daß das Wesentliche an der Radioaktivität der spontane Wechsel von einer Atomart in eine andere ist.

Dazu mußte die hergebrachte Vorstellung aufgegeben werden, daß Atome kleine unteilbare Kugeln seien, die ihre eigene Natur niemals verändern. Im Gegensatz zu diesem Modell beobachten wir in der Radioaktivität die Umwandlung eines chemischen Elements in ein anderes - nicht von Blei in Gold wie die Alchemisten hofften, aber zum Beispiel von Radium in ein Edelgas, das Radon. Man sagt, das Radium, das dabei langsam verschwindet, zerfällt radioaktiv.

Von da ab lag Rutherford mit an der vordersten Front einer Flutwelle von Entdeckungen. Er wurde zur legendären Gestalt, und es gab viele Anekdoten über ihn, beispielsweise soll er die Melodie „Vorwärts, Ihr Soldaten Christi!" gepfiffen haben, wenn die Arbeit mühelos vorankam, oder die Melodie „Kämpft den Kampf der Gerechten!" inmitten von Schwierigkeiten. Er war robust, direkt und rauh, aber herzlich, und gab den Typ eines Gutsbesitzers ab, der sein Leben mit Freude lebte. „Ein prächtiger Mann, der einen anspornt", meinte Otto Hahn, der mit Rutherford in der ersten Zeit in Montréal arbeitete und der dann einige Jahre später an der Entdeckung der Kernspaltung teilhatte.

Rutherford hatte eine feine Nase für die Planung des richtigen Experiments unter den begrenzten Möglichkeiten der damaligen Zeit, und sein Verstand erkannte direkt und ohne Umschweife den zentralen Punkt eines Problems. Da gab es den berühmten Augenblick, als einer seiner Kollegen ihm die Ergebnisse von Atomstrukturuntersuchungen mit Hilfe der Bestrahlung durch kleine, elektrisch geladene Teilchen (Alphateilchen) vorlegte. Sehr selten erhielten manche Teilchen starke Richtungsänderungen, einige wurden sogar fast dahin zurückgestoßen, woher sie kamen. Rutherford verglich dies mit einer großkalibrigen Granate, die auf ein Stückchen Papiertaschentuch geschossen wird, trifft und auf den Schützen zurückprallt. Einige der Alphateilchen, meinte er, müßten auf immens starke Kräfte innerhalb des Atoms getroffen sein, was dadurch möglich wäre, wenn das Atom einen kleinen, elektrisch geladenen Kern besäße: Die meisten Alphateilchen würden dann mehr oder weniger geradeaus durch den freien Raum des Atoms fliegen, aber

Das Geheimnis der Atome lüftet sich

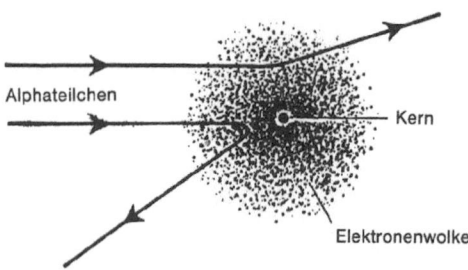

Abb. 1. Streuung von Alphateilchen an Atomen. Ein Alphateilchen, das den Kern beinahe trifft, wird stark abgelenkt, während andere nur eine geringe Ablenkung erfahren[1]

eins das durch Zufall den Kern streift, wird kräftig abgelenkt (Abb. 1). Die Idee des Atomkerns war geboren.

Viele Männer, die später berühmt werden sollten, kamen zu Rutherford, um bei ihm zu arbeiten. Um nur einige vom europäischen Kontinent zu nennen: Otto Hahn, der schon erwähnt wurde, Hans Geiger, ein anderer Deutscher und Miterfinder des Geiger-Zählers, Georg von Hevesy, ein Ungar, der viele radiochemische Methoden für die Untersuchung chemischer Probleme entwickelte, und vor allem der Däne Niels Bohr, der eine ähnlich bedeutende Persönlichkeit wie Rutherford selbst wurde. So wie diese Männer Rutherfords Labor nach einiger Zeit wieder verließen, errichteten sie neue Zentren für Radioaktivitäts- und Kernforschung. Fast jeder auf diesem Gebiet Tätige konnte den Ursprung seiner Laufbahn auf Rutherford zurückführen.

In dieser Periode gab es zwei andere Entwicklungen in der Physik, die sich von großer Bedeutung für die Atomwissenschaften erwiesen. Die erste war Albert Einsteins Relativitätstheorie. Zu deren Aussagen gehört die berühmte Beziehung zwischen Masse und Energie (normalerweise als $E=mc^2$ geschrieben). Entsprechend dieser Gleichung können Masse und Energie als zwei Arten der gleichen Sache betrachtet werden – zu jener Zeit eine neuartige Vorstellung – und wenn wir ein Gramm der Materie in Energie umwandeln, erhalten wir daraus soviel wie aus einer Atombombe. Nur ein sehr kleiner Teil dieser Energie wird frei, wenn sich eine Atomart in eine andere umwandelt als Folge von radioaktivem Zerfall. Ein sehr viel größerer Teil wird in Kernreaktoren und Atombomben freigesetzt.

---

[1] Es war der junge Experimentalphysiker Hans Geiger, der ab 1909 als Postdoctoral Fellow bei Rutherford arbeitete und von ihm die Aufgabe erhielt, die von ihm nach seiner Vorstellung von der Existenz eines Atomkerns berechnete Streuformel für Alphateilchen experimentell zu verifizieren, was ihm innerhalb von nur wenigen Monaten auch tatsächlich gelang (d. Übers.).

Das Geheimnis der Atome lüftet sich

Die zweite von jenen beiden Entwicklungen beinhaltet gleichfalls eine neue Vorstellung. Die Physiker des neunzehnten Jahrhunderts hatten Schwierigkeiten mit verschiedenen Anomalien bezüglich Wärme und Licht, bei denen die klassischen Gesetze absolut falsche Resultate ergaben. Sie machten z. B. die Vorhersage, daß ein heißes Stück Eisen im wesentlichen violettes und ultraviolettes Licht ausstrahlt, und daß sich seine Farbe nicht ändert, wenn die Temperatur erhöht wird. Aber jedermann weiß, daß Eisen mit zunehmender Erwärmung erst rot, dann orange, weiß und blau wird.

Max Planck erklärte 1900 dieses Verhalten mit der Vorstellung, daß Atome Energie ähnlich abgeben wie Supermärkte Butter. Anstatt die Butter für Kunden auszuwiegen, verkauft der Supermarkt nur 250 g-Packungen. Planck postulierte, daß Atome Energie auch nur in festen Beträgen aufnehmen und abgeben, die er *Quanten* nannte. Dieses einfache Konzept erklärt wenigstens einige Anomalien und ergab theoretische Gesetze, die die experimentellen Ergebnisse recht genau wiedergeben.

Diese Vorstellung von der Quantisierung der Energie erscheint uns eigentlich als harmlos, wenn auch ein bißchen ungewöhnlich. Sir James Jeans, der Astrophysiker aus Cambridge, bemerkte aber, daß zu jener Zeit viele dies für sensationell, revolutionär, ja lächerlich hielten. Und in der Tat kennzeichnet die Quantentheorie, wie sie genannt wurde, den Wendepunkt von der klassischen zur modernen Physik.

Es war vor allem Niels Bohr, dem wir die Überarbeitung der Physik im Lichte dieser neuen Theorie verdanken. Das war sein Lebenswerk. In Cambridge kam er zu Beginn des Herbst-Trimesters 1911 von Kopenhagen aus an, kurz vor seinem sechsundzwanzigsten Geburtstag, voller jugendlicher Begeisterung und überglücklich in der Erwartung enger Kontakte mit J. J. Thomson und anderen berühmten Naturwissenschaftlern. Später verbrachte er vier Monate in Manchester bei Rutherford, wo er erkannte, daß die klassische Physik im Bereich des Atoms total zusammenbricht. Er beharrte vor allem darauf, daß Rutherfords Atom mit seinem Kern nicht existieren könnte, wenn es den Gesetzen unterworfen wäre, die sich so gut auf elektrische Maschinen anwenden lassen.

In Rutherfords Modell kreisen die Elektronen um den Kern wie die Planeten um die Sonne, aber mit dem einen Unterschied: Im Gegensatz zu den Planeten sind die Elektronen elektrisch geladen. Nach den Gesetzen der Elektrodynamik, einem Zweig der klassischen Physik, müßten die Elektronen ständig Energie abstrahlen und durch diesen Energieverlust rasch auf den Kern fallen. Was offensichtlich nicht passiert.

Bohr wagte deshalb die Behauptung, daß die klassische Elektrodynamik für das Elektron im Atom nicht gültig ist. Er postulierte, daß sich das Atom in einem *stationären Zustand* befindet, in dem sich das Elektron auf einer Umlaufbahn um den Kern befindet, ohne dabei Energie abzugeben.

Das Geheimnis der Atome lüftet sich

Über diese Vorstellung sann er mehrere Monate lang nach. Im Februar 1913 lenkte dann ein Kopenhagener Student seine Aufmerksamkeit auf bestimmte Gesetzmäßigkeiten, die etwa 30 Jahre zuvor im Wasserstoffspektrum entdeckt worden waren, nämlich in den Farben des Lichtes, das von heißem Wasserstoff emittiert wird. Das war der Schlußstein für das Puzzle! Bohr nahm nun an, daß ein Atom nicht nur in einem, sondern in einer Anzahl von stationären Zuständen unterschiedlicher Energie existieren kann, und daß es mithilfe von Absorption oder Emission genau eines Energiequants von einem Zustand in einen anderen *springen* kann. Auf dieser Basis konnte er eine mathematische Formel herleiten, die bestimmte Linien des Wasserstoffspektrums genau vorhersagt.

Bohrs Theorie verstößt gegen die alte Regel der klassischen Physik, daß die Natur keine Sprünge macht. Dies war mehr als mancher Naturwissenschaftler verdauen konnte. Jeans stellte jedoch fest, das Argument für Bohrs Annahmen sei das „gewichtige des Erfolgs". Rutherford hatte erheblichen Ärger mit seiner Unterstützung für die Publikation der Bohr'schen Ideen, und das bei seinem grundsätzlichen Mißtrauen gegenüber den Theoretikern. Bei einer späteren Gelegenheit meinte er über sie, und dies nur halb im Scherz, „sie machen mit ihren Symbolen Spielereien, während wir im *Cavendish* die tatsächlichen Fakten der Natur ans Tageslicht bringen". Aber Bohr, meinte er, sei anders.

Unter den neuen Tatsachen war 1919 Rutherfords Demonstration der ersten künstlichen Umwandlung von einem Element in ein anderes, zum Unterschied von der natürlichen, radioaktiven Umwandlung. Die Radioaktivität geht die ihr eigentümlichen Wege weitgehend unabhängig von äußeren Einflüssen, während diese neue Entdeckung es prinzipiell ermöglicht, ein Atom in ein anderes auf einem vorprogrammierten Weg umzuwandeln.

In einigen seiner frühen Experimente bombardierte Rutherford Atomkerne mit Alphateilchen aus einem radioaktiven Präparat. Die von ihm benutzte bemerkenswert einfache und kleine Apparatur zeigt Tafel 4. Galt vorher das Interesse der Ablenkung der Alphateilchen beim Vorbeiflug an Kernen, so war jetzt die Frage, was passiert beim direkten Aufprall. Wenn Stickstoffkerne beschossen wurden, beobachtete Rutherford die Erzeugung von Teilchen eines neuen Typs, die er als die Kerne des Wasserstoffatoms identifizieren konnte und die als *Protonen* bekannt sind. Also: Ein α-Teilchen dringt in einen Stickstoffkern ein und ein Proton kommt heraus. Dies beinhaltet die weitere höchst wichtige Folgerung, daß der Stickstoffkern in etwas anderes umgewandelt wurde, nämlich in einen Sauerstoffkern, wie die Physiker aus einer Bilanz der am Prozeß beteiligten elektrischen Ladungen schließen konnten. Stickstoff war also in Sauerstoff umgewandelt worden, wenn auch in außerordentlich kleinem Maße (Abb. 2).

Das Geheimnis der Atome lüftet sich

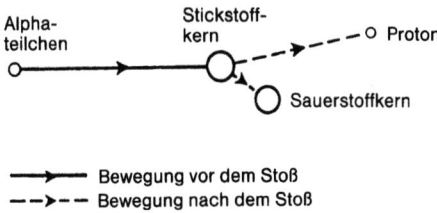

Abb. 2. Die erste künstliche Kernumwandlung. Ein Alphateilchen trifft auf einen Stickstoffkern und wandelt ihn in Sauerstoff um

Diese Entdeckung war der Höhepunkt von Rutherfords Zeit in Manchester. Gleich darauf nahm er den Ruf an das Cavendish-Laboratorium in Cambridge an. Hier sammelte er eine vorzügliche Gruppe um sich, schließlich mehr als sechzig Wissenschaftler an der Zahl – in jenen Tagen war das wirklich eine große Anzahl – und das *Cavendish* wurde zum Mekka der Kernphysiker.

Die ersten Jahre unter Rutherfords Leitung verliefen vergleichsweise ruhig, wenngleich in den erschlossenen Gebieten beständig Fortschritte erzielt wurden. Weitere Beispiele künstlicher Umwandlungen ähnlich der des Stickstoffs wurden beobachtet. Eine andere Zielrichtung war die Untersuchung von Atomen, die sich nur in ihren Kernen unterscheiden, nicht aber in ihrer äußeren Hülle, also die Isotopenforschung. Isotope waren schon von den

Tabelle 1. Wichtige Daten aus den Anfängen der Kernphysik

1896	Becquerel beobachtet eine Strahlung aus Uran, die eine photographische Platte schwärzt.
1897	Thomson entdeckt das Elektron.
1898	Die Curies entdecken die radioaktiven Elemente Polonium und Radium.
1902	Rutherford und Soddy weisen nach, daß die spontane Umwandlung von einem chemischen Element in ein anderes ein wesentliches Kennzeichen für die Radioaktivität darstellt.
1910	Die Vorstellung von Isotopen werden formuliert, besonders von Soddy.
1913	Rutherford begründet die Vorstellung, daß das Atom einen kleinen, positiv geladenen Kern besitzt.
1913	Bohr stellt sein Atommodell vor.
1919	Rutherford beobachtet die erste künstliche Kernumwandlung. Aston erfindet den Massenspektrographen für die Isotopenuntersuchung.

radioaktiven Elementen bekannt und in ein oder zwei anderen Fällen. Jetzt aber, mit einer von ihm dafür ausgedachten Apparatur, dem Massenspektrographen, zeigte Francis Aston, daß fast alle Elemente eine Mischung aus Isotopen sind: Sauerstoff hat drei, Chlor zwei, usw. Der Grund dafür, daß die Isotope so lange unentdeckt geblieben waren liegt darin, daß die äußeren Bereiche beinahe identisch sind, auch ihr Verhalten ist unter fast allen Gesichtspunkten identisch, oder jedenfalls sehr ähnlich, so daß es schwer ist, sie zu trennen, oder sie wenigstens zu unterscheiden. Auch in der Natur trennen sie sich nicht, und als Folge davon existiert jedes Element normalerweise aus einer Mischung von Isotopen mit konstanten, unveränderlichen Anteilen.

Um zwischen den Isotopen zu unterscheiden oder sie gar zu separieren, machen wir von den Eigenschaften der Kerne Gebrauch, denn diese sind verschieden. Die Existenz von Isotopen war tatsächlich erstmals vermutet worden, als man entdeckte, daß es Sorten von Atomen gibt, die sich chemisch gleich, aber radioaktiv verschieden verhalten. Dies wurde damit erklärt, daß Radioaktivität etwas ist, was dem Kern passiert, während die Chemie fast ausschließlich nur die äußeren Bereiche des Atoms betrifft. Logischerweise gibt es deshalb Atome, deren Kerne verschiedenartig sind, deren äußere Bereiche (von minimalen Abweichungen abgesehen) aber nicht. In den Fällen, in denen keine Radioaktivität auftritt, die die Unterschiede erkennen läßt, bleibt der Unterschied in der Masse: Bei einem Paar isotoper Atome ist das eine schwerer als das andere. Diesen Umstand macht sich Astons Massenspektrograph zunutze, der schwerere Atome von leichteren aussortiert und der eine Isotopentrennung in kleinem Maße erlaubt (Abb. 3).

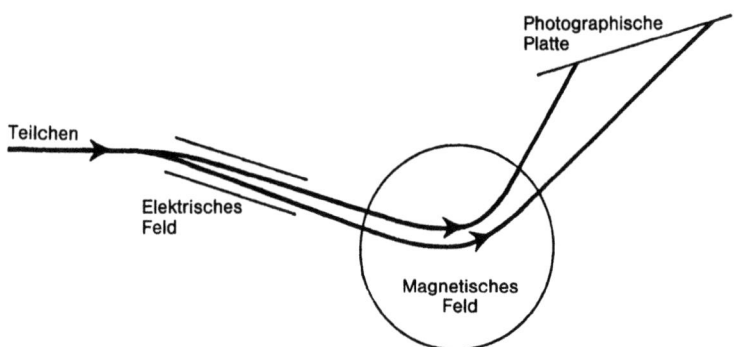

Abb. 3. Der Aufbau eines Massenspektrographen. Die Zeichnung zeigt die Wege zweier Teilchen unterschiedlicher Masse durch den Massenspektrographen. Schwerere Teilchen werden durch einen kleineren Ablenkungswinkel von den leichteren getrennt, sie erreichen die Fotoplatte später

Das Geheimnis der Atome lüftet sich

Während das *Cavendish* eingehend Atomkerne untersuchte, fanden Physiker woanders, vor allem in Deutschland, ihr Glück in einem anderen Jagdrevier, nämlich in der Untersuchung der äußeren Bereiche. Hier gab es Betätigungsfelder für eine starke, mathematische Intelligenz in der Ausarbeitung des Bohr'schen Atommodells, und innerhalb von ungewöhnlich wenigen Jahren waren die vielfältigen Geheimnisse der *Elektronenwolke* um den Kern enthüllt. Der Kern schien ein theoretisch weniger leicht zu bearbeitendes Problem zu sein und wurde als Puzzlespiel für spätere Zeiten liegengelassen.

Es war aber keineswegs so, daß bei der Entwicklung vom Bohr'schen Atom alles reibungslos lief. Anfang der 20er Jahre hatte die ursprüngliche Quantentheorie, die auf der Bohrschen Idee von den gequantelten Sprüngen basierte, zwei verschiedene Arten Probleme. Einerseits gab sie manchmal falsche Antworten (oft aber verführerisch nahe an der Wahrheit), andererseits hatte sie philosophische Mängel, auf die Bohr wiederholt selbst hingewiesen hatte. Beispielsweise hatte er in seinem ursprünglichen Atommodell die klassische Elektrodynamik hinausgeworfen, aber er verwendete die klassische Mechanik zur Berechnung der Energie des Elektrons auf seiner Bahn: Warum sollten klassische Konzepte in einem Fall gelten, im anderen aber nicht? Werner Heisenberg, der 1924 aus Deutschland kam, um bei Bohr zu arbeiten, schrieb, „die Schwierigkeiten ... werden immer lästiger, die inneren Widersprüche immer schlimmer, was uns in eine Krise bringt ...".

Heisenberg selbst war der erste, der einen Weg aus dem Dilemma fand. Im Urlaub auf Helgoland hatte er 1925 eine Idee, die rasch in eine grundsätzlich neue Theorie weiterentwickelt wurde, nämlich die Quantenmechanik. Mit einem Streich beseitigte sie die falschen Antworten und die philosophischen Schwierigkeiten. Sie gab den Physikern ein verläßliches mathematisches Handwerkszeug, das sie für die Berechnung atomistischer Vorgänge verwenden konnten.

Die Quantenmechanik liegt allen in diesem Buch beschriebenen Arbeiten zugrunde, und ein kurzer Abriß ihrer Grundzüge ist diesem Kapitel in einem Anhang beigefügt, der aber zum Verständnis für den Rest des Buches nicht unentbehrlich ist. Eigenartigerweise kann das meiste über die Geschichte der Kernwaffen und Kernkraft erzählt werden, ohne die Quantenmechanik zu erwähnen. Fast alle wichtigeren Entdeckungen wurden ohne sie gemacht.

Aber eine wichtige Ausnahme gab es in den Anfängen der Quantenmechanik. Das Modell der Radioaktivität, z. B. von Radium, wo der Atomkern ein Alphateilchen abstößt, gibt ein Rätsel auf. Das Alphateilchen ist im Kern wie durch eine hohe Mauer eingesperrt, und es besitzt offenbar nur etwa 20% der für die Überquerung der Mauer erforderlichen Energie. Wie kann es also jemals herauskommen?

Nach der klassischen Physik ist ein Entkommen nicht möglich. Ähnlich einem Wagen auf einem Verschiebebahnhof kommt das Alphateilchen nicht

Das Geheimnis der Atome lüftet sich

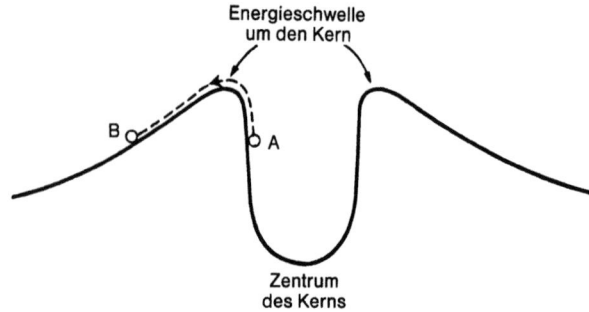

Abb. 4. Austritt eines Alphateilchens aus dem Kern. Nach klassischen Vorstellungen muß das Alphateilchen über die Energieschwelle gelangen, um von *A* nach *B* zu kommen *(gestrichelte Linie)*. Nach der Quantenmechanik ist es unerheblich, wie es von *A* nach *B* kommt; denn mit einer vorausberechenbaren Wahrscheinlichkeit wird es in *B* zu finden sein, und zwar auch dann, wenn seine Energie zum Überschreiten der Schwelle nicht ausreicht

auf die andere Seite, wenn es nicht genug Energie besitzt, um über die Schwellenhöhe zu kommen. Aber die Quantenmechanik kann da eine andere Antwort geben, worauf George Gamow, ein russischer Emigrant und Mitarbeiter von Bohr in Kopenhagen 1928 hingewiesen hat. Die Quantenmechanik beschäftigt sich ausschließlich mit dem, was tatsächlich beobachtet wird, und betrachtet es als sinnlos, nach dem zu fragen, was zwischen den Beobachtungen passiert. So gesehen, springt sie also von einer Beobachtung zur nächsten, während man in der klassischen Physik von kontinuierlich glatten Verläufen ausgeht. So sieht die Quantenmechanik das Alphateilchen zu einem bestimmten Zeitpunkt im Inneren des Kerns, zu einem späteren Zeitpunkt außerhalb des Kerns, betrachtet aber nicht das Durchlaufen von Zwischenpositionen (Abb. 4).

Diese auf den ersten Blick eigenartige Vorstellung wird auch *Tunneleffekt* genannt, um deutlich zu machen, daß das klassische Bild vom Überklettern einer Trennwand unbeobachtet bleibt, obwohl die Vorstellung, daß es wirklich einen Tunnel passiert, ebenso falsch wäre.

Von Bohr dazu ermutigt, besuchte Gamow 1929 das *Cavendish*. Hier wurden zwei junge Praktiker durch sein Konzept angeregt, John Cockcroft, der später einer der Führer von Britanniens Kernprogramm werden sollte, und Ernest Walton. Cockcroft war einige Jahr zuvor mit einem Empfehlungsschreiben an Rutherford ans *Cavendish* gekommen. Schon in der Schule war er von Radioaktivitätsentdeckungen fasziniert und besuchte vor dem Ersten Weltkrieg zur *geistigen Ablenkung* von seinen Mathematikstudien Rutherfords Vorlesungen in Manchester. In der Absicht, einen Beruf zu erlernen,

Das Geheimnis der Atome lüftet sich

besuchte er nach dem Krieg einen Lehrgang für Elektroingenieure und arbeitete als Gehilfe bei Metropoliton-Vickers. Er blieb aber an der Kernphysik interessiert und fuhr schließlich nach Cambridge.

Als er und Walton dort 1929 Gamow trafen, kannten sie die Methode, Atomkerne durch Beschuß mit schnellen Geschossen zu untersuchen, aber bis dahin waren die einzigen bekannten Geschosse hinreichender Energie Alphateilchen von radioaktiven Substanzen, wie sie Rutherford verwendet hatte. Könnten solche Geschosse auch künstlich hergestellt werden durch die Beschleunigung von atomaren Teilchen auf hohe Energie mithilfe elektrischer Spannungen? Vielleicht, aber um solche Energien von Alphateilchen zu erzielen, wären einige Millionen Volt erforderlich, und dies schien in jener Zeit außerhalb der technischen Möglichkeiten zu liegen. Gamow wies jedoch in einem Vermerk an Rutherford darauf hin, daß der Tunneleffekt eine viel aussichtsreichere Möglichkeit eröffnet; da atomare Teilchen ja ohne Überquerung der Energiebarriere in den Kern hineingelangen können, ist dazu auch viel weniger Energie erforderlich, und ein Potential von einigen hunderttausend Volt könnte ausreichen.

Rutherford ermächtigte also Cockcroft und Walton, die bis dahin teuerste Ausrüstung des *Cavendish* zu bauen – Gesamtkosten von £ 500 für die Beschleunigung von Protonen. Cockcrofts elektrotechnische Erfahrung war ihm dabei von Nutzen, und Potentiale bis zu siebenhunderttausend Volt wurden erzielt – für damals sehr viel. Die Tafel 6 zeigt die Apparatur, wie sie von Walton bedient wurde, und zwar aus einer aus Strahlenschutzgründen mit Blei überzogene Teekiste heraus. Endlich, im April 1932 trug die Arbeit ihre Früchte, als die beiden Experimentatoren Hochgeschwindigkeitsprotonen auf eine Lithiumscheibe schossen, die deshalb gewählt wurde, weil ihre Kerne eine besonders kleine Energieschwelle besitzen. Erfolg! Der Austritt von Alphateilchen wurde beobachtet und damit bewiesen, daß die Protonen wirklich in die Lithium-Kerne eingedrungen waren und sie aufgebrochen hatten. Eine Kernreaktion, eine Umwandlung war mit rein künstlichen Mitteln erzielt worden. Darüberhinaus waren die damit beobachteten Effekte millionenfach intensiver als die mit Alphateilchen erhaltenen.

Dies war ein doppelter Erfolg, – für die Quantentheorie, die den Weg gewiesen hatte, und für die Experimentatoren, die ein neues und leistungsfähiges Hilfsmittel geschaffen hatten, den Teilchenbeschleuniger oder *Atomzertrümmerer*, wie ihn die Presse gerne nannte. Zu Recht berichtete die Presse über Cockcroft und Waltons *Spaltung des Atoms* als einem großen Durchbruch. Die Kernwissenschaften waren für einen raschen Fortschritt gerüstet.

Das Geheimnis der Atome lüftet sich

Einige Bemerkungen zur Quantenmechanik

Es ist recht schwierig, die Quantenmechanik anders als durch eine Anzahl mathematischer Gleichungen darzustellen. Sie bietet kein anschauliches Bild vergleichbar dem Bohr'schen Atommodell, in dem die Elektronen um den Kern kreisen. Dies liegt am menschlichen Vorstellungsvermögen, das auf Erfahrungen aus dem alltäglichen Leben beruht, in dem die klassische Physik regiert. Wenn wir uns aber in das Gebiet atomarer Maßstäbe begeben, benötigen wir neue, nicht-klassische Konzepte, und die sind in den Gleichungen der Quantenmechanik verankert.

Die Konsequenzen aus diesen Gleichungen zerstören viele unserer vorgefaßten Meinungen. Der schon beschriebene Tunneleffekt ist ein Beispiel dafür. Ein anderes ist die quantenmechanische Feststellung, daß unserer Kenntnis über die Welt von der Natur selbst Grenzen gesetzt sind. Wir können z.B. nicht den Ort und die Geschwindigkeit eines Elektrons gleichzeitig genau feststellen; je genauer wir den Aufenthaltsort kennen, umso weniger kennen wir die Geschwindigkeit, und umgekehrt. Das liegt nicht an mangelnder Geschicklichkeit; so sehr wir unsere Kunstfertigkeiten auch verbessern, die Grenzen existieren trotzdem, denn es handelt sich um eine der Natur der Dinge innewohnende Eigenschaft. Man nennt dies die *Unschärferelation*.

Dieses Prinzip mag seltsam erscheinen, aber es ist nicht wirklich geheimnisvoll, denn wir können einen Gegenstand ja nicht lokalisieren, ohne ihm dabei einen kleinen Stoß zu versetzen. Wenn wir etwa einen Meterstab dafür verwenden, so werden wir ihn etwas gegen diesen Gegenstand andrücken, um sicher zu gehen, daß wir ihn wirklich berühren. Aber dadurch setzen wir unser Objekt ein ganz klein wenig in Bewegung, so daß seine Geschwindigkeit unbestimmt wird. Je fester wir den Meterstab andrücken, umso genauer kennen wir den Ort des Objektes, aber umso weniger genau seine Geschwindigkeit. Selbst wenn wir sagen „Ich kann sehen, wo es ist", so haben wir diese Begrenzung doch nicht umgangen, denn auch Licht übt einen kleinen Druck aus auf die Dinge, auf die es trifft. Natürlich kann man diesen Effekt nicht an Töpfen und Pfannen beobachten, wohl aber an Atomen und Elektronen.

Ebenso seltsam ist die Schlußfolgerung, daß wir dann auch die Zukunft nicht genau vorhersagen können. Seit Newton und bis zum Auftauchen der Quantenmechanik waren Naturwissenschaftler der Ansicht, man könnte die Zukunft voraussagen, wenn man nur hinreichend genaue Kenntnisse über den gegenwärtigen Zustand der Welt und eine hinreichend leistungsfähige Rechenanlage besitzen würde. Wenn wir beispielsweise wüßten, wo sich ein Elektron gerade aufhält, und wie schnell es sich wohin bewegt, könnten wir ausrechnen, wo es sich zu einem späteren Zeitpunkt befindet. Aber die Unbestimmtheitsrelation sagt aus, daß wir das nicht alles gleichzeitig wissen können. Wir müssen also die Vorstellung aufgeben, daß die Zukunft der Welt im klassisch-physikalischen Sinn vorhersagbar ist.

In einem anderen Sinn ist die Zukunft der Welt aber doch vorhersagbar. Wenn wir auch nicht behaupten können, daß ein Elektron zu einer bestimmten Zeit an einem bestimmten Punkt X ist, so können wir doch die Wahrscheinlichkeiten ausrechnen, mit der es dort oder bei einem anderen Punkt Y zu finden ist. Wenn sich diese beiden Möglichkeiten etwa wie fünfzig zu fünfzig verhalten, und wir ein geeignetes Experiment hinreichend oft wiederholen, so werden wir das Elektron ebenso oft bei X wie bei Y finden. Die Quantenmechanik liefert uns Wahrscheinlichkeiten und Korrelationen, aber keine eindeutigen Antworten.

Bohr schloß daraus, daß das Universum letztendlich rein statistischer Natur sei. Unsere gesammelten Informationen und die daraus gezogenen Schlüsse sind einer unausweichlichen Ungewißheit unterworfen. „Auch Gott kann sich nicht besser auskennen" war eine Art, dies darzustellen. Andere Naturwissenschaftler spürten aber

Das Geheimnis der Atome lüftet sich

einen Widerwillen gegen solche Ansichten. Einstein hatte eine jahrelange Kontroverse mit Bohr, in der er ihm klarzumachen versuchte, daß es jenseits der Statistik noch eine andere Wirklichkeitsebene gibt, in der die Unbestimmtheit nicht mehr auftritt. Das war wie das Aufeinandertreffen von zwei Schachgroßmeistern. Während einer berühmten Konferenz 1927 wollte Einstein ein Gambit in Gestalt eines erdachten Experiments vorführen, Bohr setzte sich aber mit seinen Kollegen zusammen und widerlegte das Gambit nachmittags beim Tee.

Bohr ging auf Einsteins Ausführungen ein in der Erwartung, knifflige Trugschlüsse zu entdecken. Sein Selbstvertrauen dazu resultierte aus seiner Philosophie. Er hatte die Unschärferelation zu einem breit ausfächernden Konzept verallgemeinert, das er als *Komplementarität* bezeichnete. Die Unbestimmtheiten beruhen ja darauf, daß wir nichts beobachten können, ohne es dabei irgendwie zu stören. Wie dies in der Atom- und Kernphysik vor sich geht, hatten wir uns schon klar gemacht, etwa bezüglich des Ortes und der Geschwindigkeit (oder besser des Impulses) eines Teilchens, aber Bohr wies darauf hin, daß dies Prinzip der Komplementarität unsere gesamte Erfahrung betrifft. Wir können z. B. die physikalische oder chemische Funktionsweise eines Organs unseres Körpers untersuchen, indem wir es zerlegen und analysieren, aber nicht gleichzeitig in seiner intakten Funktionsweise im Körper.

Bohr war zutiefst davon überzeugt, daß die Komplementarität den wahren Charakter der Welt zum Ausdruck bringt, so daß Einstein Unrecht haben *mußte*. Einstein gestand schließlich zu, daß Bohrs Standpunkt logisch vertretbar sei, aber „so konträr zu meinem wissenschaftlichen Instinkt, daß ich die Suche nach einem vollständigen Konzept nicht aufgeben kann". Heute haben nur noch wenige Physiker ein Interesse an dieser Kontroverse. Den meisten von ihnen genügt es, daß die Algebra der Quantenmechanik stimmt. Dennoch kann ihre Tragweite nicht außer acht gelassen werden, wenn wir tiefergehende Fragen nach der Natur der materiellen Welt stellen.

Noch etwas anderes bleibt zu sagen. Die Quantenmechanik war für den äußeren Bereich des Atoms entwickelt worden; aber sie ist eine allgemeingültige Theorie und sollte auch für den Kern gelten. Die Anwendung des Tunneleffekts auf die Alpha-Radioaktivität zeigt, daß dies wirklich zutrifft. Dennoch erlaubt die Kenntnis dieser Grundgesetze ebensowenig ein volles Verständnis vom Kern wie die Kenntnis der Spielregeln vom Kricket eine Vorhersage über ein Wettspiel-Ergebnis ermöglicht, das ja von den Spielern und ihrem Spiel abhängt. Ähnlich hängt das Verhalten eines Kerns von den Eigenschaften seiner Bausteine und den Kräften zwischen ihnen ebenso ab wie von den quantenmechanischen Grundgesetzen, und bezüglich dieser Kräfte tasten wir noch ziemlich im Dunkeln. Die Kernphysik ist deshalb mehr auf den Entdeckungen von Experimentatoren als auf Vorhersagen von Theoretikern aufgebaut und unser Verständnis für die Struktur der Kerne noch recht unvollkommen.

2 Die frühen 30er Jahre: Ein goldenes Zeitalter der Atomphysik

In der Geschichte der Kernforschung war 1932 ein großartiges Jahr; ein Kollege von Rutherford bezeichnete es als *annus mirabilis*. Cockcroft und Waltons geglückte künstliche Umwandlung war nur einer von vielen Fortschritten. Während diese beiden noch mit der Fertigstellung ihres *Atomzertrümmerers* im Cavendish beschäftigt waren, machte James Chadwick im gleichen Institut eine andere weitreichende Entdeckung.

Zwei Jahre zuvor hatten zwei deutsche Wissenschaftler, Walther Bothe und Herbert Becker, ein Bestrahlungsexperiment mit Alphateilchen ähnlich dem von Rutherford ausgeführt, aber mit einer Probe aus dem Leichtmetall Beryllium, wobei etwas Neuartiges auftrat, etwas anderes als die von Rutherford beobachteten Protonen oder was sonst damals bekannt war. Man sprach von *Berylliumstrahlung,* die die bemerkenswerte Eigenschaft besitzt, Materie praktisch ungehindert zu passieren.

Dann wurde eine weitere, ungewöhnliche Eigenschaft der Berylliumstrahlung entdeckt, und zwar von Marie Curies Tochter Irène und deren Mann, Frédérick Joliot, im *Institut de Radium* in Paris. Frédérick wurde mit 25, und mit bis dahin nur geringen Kenntnissen über die Radioaktivität, Maries persönlicher Assistent, und 1926, ein Jahr später, heiratete er Irène. Kurz darauf sagte ihm ein alter Freund: „Du bist zu spät zur Radioaktivität gekommen. Die radioaktiven Zerfallsreihen ... sind bekannt und es gibt kaum noch was zu tun ..." Kann man sich noch mehr irren?

Unbeirrt nutzten die Joliots den besonderen Reichtum des Instituts: einen großen Vorrat an Radium. Im Jahr 1929 beschlossen sie, *zur Beschleunigung wichtiger Entdeckungen* daraus eine größere Menge des hoch-radioaktiven Elements Polonium herzustellen. Als es soweit war, mischten sie Polonium mit Beryllium zur Herstellung eines starken *Berylliumstrahlers,* um dessen Wirkung auf Wasserstoff zu testen, der in Paraffinwachs chemisch gebunden war. Sie fanden eine neue Eigenschaft dieser Strahlung heraus, nämlich die, daß sie Protonen, also Wasserstoffatomkerne, mit großer Geschwindigkeit aus dem Wachs herausstößt.

Was war nun diese rätselhafte *Berylliumstrahlung* mit derart ungewöhnlichen Eigenschaften? Mit Rutherfords Unterstützung machte sich Chadwick an die Lösung dieses Rätsels. Er wies nach, daß das Curie'sche Phänomen mit einer rollenden Billardkugel verglichen werden kann, die eine ruhende

Die frühen 30er Jahre: Ein goldenes Zeitalter der Atomphysik

stößt, und rechnete aus, daß die Berylliumstrahlung aus „Teilchen etwa der Protonenmasse, aber ohne (elektrische) Ladung" besteht. Diese neuen Teilchen nannte er Neutronen, weil sie elektrisch neutral sind.

Die Theoretiker stießen einen Seufzer der Erleichterung über diese Entdeckung aus, denn sie gab ihnen endlich einen sinnvollen Ansatzpunkt zur Erklärung des Kernbaus: Protonen und Neutronen haften mit sehr starken Kräften zusammen. Bereits 1920 hatte Rutherford eine derartige Eingebung gehabt, als er meinte, daß Teilchen von der Art dieser Neutronen „für die Erklärung des Atomkerns der schwereren Elemente nahezu unabdingbar" seien.

Obwohl das damals noch nicht erkannt werden konnte, so war doch die Entdeckung des Neutrons ein wesentlicher Schritt zur Nutzung der Kernenergie.

Bald darauf, im gleichen Jahr 1932, verkündete Harold C. Urey zusammen mit zwei anderen amerikanischen Kollegen die Existenz eines Wasserstoffisotops mit etwa der doppelten Protonenmasse. Die Anwesenheit von schwerem Wasserstoff im normalen Wasserstoff sowie von schwererem Wasser im gewöhnlichen Wasser war für die wissenschaftliche Welt eine ziemliche Überraschung. Der natürliche Anteil des schweren Wasserstoffs, den man Deuterium nannte, ist klein, - etwa ein Teil in 5000, - was weitgehend erklärt, warum die Entdeckung so lange auf sich warten ließ.

Im gleichen Jahr 1932 gab es in Amerika noch eine weitere Entdeckung. Vier Jahre zuvor hatte Paul Dirac, ein begabter, junger Mathematiker in Cambridge aus seinen theoretischen Überlegungen heraus vorhergesagt, daß es ein Teilchen wie das Elektron, aber mit entgegengesetzter Ladung geben müsse, - positiv statt negativ. Diese Theorie erwies sich nun als richtig, denn Diracs Teilchen wurden von Carl D. Anderson als Folgeprodukte beim Eindringen der sogenannten Höhenstrahlung, die beständig aus dem Weltall auf die Erdkugel trifft, in die irdische Atmosphäre gefunden. Dieser Befund wurde bald darauf im *Cavendish* mithilfe verbesserter Methoden bestätigt, und zwar von Patrick Blackett (der im Zweiten Weltkrieg für Anwendungen der Naturwissenschaften bei Heeres- und Marineunternehmungen ausgezeichnet wurde) und Guiseppe Occhialini. Diese Teilchen werden Positronen genannt.

Die Entdeckungen von 1932 lieferten zwei neue Teilchenarten für Bestrahlungsexperimente, Neutronen und Deuteronen (die Kerne des schweren Wasserstoffs). Außerdem hatte der Amerikaner Ernest O. Lawrence 1930 einen Teilchen-Beschleuniger, das Zyklotron, erfunden. Die Fähigkeiten dieses Mannes für den Aufbau derartiger Maschinen erwiesen sich später beim Wettlauf um die Atombombe als wichtig. Seit etwa 1933 wurde das Zyklotron erfolgreich für die Beschleunigung von Protonen und Deuteronen auf hohe Energien und damit indirekt auch für die Erzeugung von Neutronen für Bestrahlungsexperimente verwendet.

Die frühen 30er Jahre: Ein goldenes Zeitalter der Atomphysik

Tabelle 2. 1932 bekannte Elementarteilchen

Teilchen		Masse	Elektrische Ladung
Leicht	Elektron	m	$-e$
	Positron	m	$+e$
Schwer	Proton	1836 m	$+e$
	Neutron	1839 m	null

Ein Proton und ein Elektron, mit gleichen, aber entgegengesetzten Ladungen bilden das elektrisch neutrale Wasserstoffatom, in dem der Kern, das Proton, fast die gesamte Masse besitzt. Protonen und Neutronen sind die Bausteine der Atomkerne.

Die Kernphysiker verwendeten schon damals zwei weitere Teilchen, nämlich Deuteronen (*schwere* Wasserstoffkerne) und Alphateilchen (Heliumkerne, die von einigen radioaktiven Substanzen ausgestrahlt werden).

Cockcroft sagte von dieser erstaunlichen Epoche, „Wir lebten in einer goldenen Zeit für die Physik mit ihrer schnellen Folge von Entdeckungen", und Chadwick kennzeichnete ihre damalige Einstellung durch die Beschreibung dieser Forschung „als einer Art Sport. Es war ein Wettkampf mit der Natur".

Erstaunlicherweise waren auf der ganzen Welt nur wenige Leute daran beteiligt. Insgesamt etwa hundert in den beiden führenden Zentren, dem *Cavendish* sowie dem *Institut de Radium,* und vielleicht noch einmal doppelt so viel Leute in kleineren Gruppen in anderen Laboratorien. Forschungsnachrichten flossen zwischen ihnen ungehindert hin und her, und über nationale Grenzen hinweg hatten sie ein Gefühl der Zusammengehörigkeit. Man sprach gelegentlich von einer wissenschaftlichen Internationalität.

Bald darauf warf Hitlers Machtergreifung in Deutschland 1933 jedoch finstere Schatten über diesen Schauplatz. Ein früher Schock war der Ausschluß Einsteins aus der Preußischen Akademie der Wissenschaften, weil er Jude war. In ganz Deutschland begann die Entfernung von Juden aus ihren Ämtern und viele von ihnen verließen das Land einschließlich solcher Wissenschaftler, die im bevorstehenden Krieg für die Nazis von unschätzbarem Wert gewesen wären.

Aber die Fortschritte in der Kernphysik gingen weiter. Das Jahr 1934 bescherte eine weitere ungeheuer wichtige Entdeckung, und wiederum durch Alphastrahlung. Der erste Schritt erfolgte im Verlauf einer Versuchsreihe, die Frédérick und Irène Joliot mit ihrer starken Poloniumquelle machten. Sie bemerkten, daß einige bestrahlte Proben außer den vertrauten Protonen und Neutronen auch Positronen lieferten, jene Teilchen, die Anderson zwei Jahre zuvor in der Höhenstrahlung entdeckt hatte. Es war das erste Mal, daß Positronen bei Kernreaktionen im Laborversuch auftauchten. Als sie über diese unerwarteten Befunde 1934 auf einer internationalen Tagung in Brüssel berichteten, begegneten sie Zweifeln. Sie waren ziemlich deprimiert, aber kein geringerer als Bohr nahm das Paar beiseite und ermutigte sie, dran zu bleiben. Ein paar Wochen später hatten sie ihren wesentlichen Durchbruch.

Joliot sagte zu einem Kollegen: „Ich bestrahle diese Probe mit Alphateilchen aus meiner Strahlenquelle. Sie können den Geiger-Zähler knistern hören. Jetzt entferne ich die Strahlenquelle, aber das Knistern hört nicht auf, sondern läuft weiter." Die bestrahlte Aluminiumprobe sandte weiterhin Positronen aus. Es vergingen einige Minuten, wobei der Effekt allmählich abklang und schließlich ganz verschwand.

Dies bedeutete, daß das Aluminium radioaktiv geworden war. Es handelte sich um das erste Beispiel künstlicher Radioaktivität, was ein Mitarbeiter als eine Alchemie bezeichnete, die sich steuern und regeln läßt. Eine kurzlebige radioaktive Substanz (nämlich ein Phosphorisotop) war bei der Einwirkung von Alpha-Teilchen auf Aluminium entstanden. Zwei andere Elemente, Bor und Magnesium, zeigten ähnliche Ergebnisse. Das Phänomen der Radioaktivität, das bis dahin eigentlich nur bei einigen etwas exotischen Elementen beobachtet worden war, war jetzt auf einige andere dem Chemiker bekannte ganz gewöhnliche Elemente erweitert worden.

Marie Curie war aufgewühlt. Später schrieb Joliot: „Den Ausdruck der intensiven Freude, die sie überkam, werde ich nie vergessen ... Zweifellos war dies die letzte große Genugtuung in ihrem Leben". Einige Monate später starb sie an Leukämie.

Zu einem seiner jungen Assistenten, dem Deutschen Wolfgang Gentner, sagte Joliot: „Beim Neutron kamen wir zu spät. Beim Positron kamen wir zu spät. Aber jetzt sind wir da!" Ein Jahr später wurde den Joliots für ihre Entdeckung der Nobelpreis verliehen.

Hinsichtlich dieser Entwicklung bezeichnete es Blackett als *Treppenwitz der Wissenschaftsgeschichte,* daß niemand vor ihnen das Experiment durchgeführt hatte, weder absichtlich noch zufällig. Der ganze Witz hatte doch nur darin bestanden, die Probe nach dem Entfernen der Alphaquelle noch weiter zu beobachten. Aber nachdem das Eis gebrochen war, wurde künstliche Radioaktivität in Hülle und Fülle gefunden. Cockcroft und seine Mitarbeiter erzeugten sie mit ihrem Protonenbeschleuniger, und die Amerikaner mit dem Zyklotron. Letzteres erwies sich jahrelang als das bestgeeignete Hilfsmittel.

Joliot'sche Experimente reizten auch einen Italiener, Enrico Fermi, ein Mann, der nur ganze acht Jahre später den ersten künstlichen Kernreaktor bauen sollte. Ihm kam die Idee, daß Neutronen besser für Bestrahlungsexperimente geeignet sein könnten als Alphateilchen. Da sie keine elektrische Ladung besitzen, werden sie von den Kernen weder abgestoßen noch angezogen. Andererseits werden Alphateilchen von Kernen abgestoßen, weil sie

Die frühen 30er Jahre: Ein goldenes Zeitalter der Atomphysik

positiv gelanden sind und gleiche Ladungen sich abstoßen. Alphateilchen müssen also eine hohe Energie besitzen, um so die Abstoßung zu überwinden und den Kern zu treffen. Tatsächlich können sie nur dann mit Erfolg eingesetzt werden, wenn die Kernladung und damit die Abstoßung klein ist, was ihre Wirksamkeit auf nur einige wenige Elemente einengt.

Fermi hatte gerade eine mühsame theoretische Arbeit abgeschlossen und war froh, von der trocknen Mathematik zu einer Labortätigkeit wechseln zu können. Weder er noch irgend jemand sonst hatte in Rom Erfahrung bezüglich der benötigten Geräte, aber er ging mutig ans Werk, bastelte sich seinen eigenen Geigerzähler (damals konnte man ihn ja nicht kaufen) und fertigte sich eigene Neutronenquellen mithilfe von einem Gramm Radium im Keller des Gesundheitsamtes an. Dann beschoß er damit systematisch ein Element nach dem anderen vom leichten Wasserstoff angefangen bis hin zu immer schwereren Elementen. Bei den ersten sechs Versuchen geschah gar nichts, und er war nahe daran aufzugeben, als beim siebten Versuch mit dem Element Fluor ein starker Effekt erzeugt wurde, ebenso wie bei vielen anderen Elementen danach.

Er rief mehrere Kollegen zu Hilfe. Emilio Segrè schickte er mit einer Einkaufsliste fort und dem Auftrag, alle chemischen Elemente zu kaufen, die es in Rom gab. Segrè war der Erste, der von der größten Chemikalienfirma der Stadt die seltenen Alkalimetalle Rubidium und Cäsium anforderte.

Insgesamt gelang es Fermi beinahe wie am Fließband, mehr als 60 der 90 bekannten Elemente zu testen, und mehr als 40 davon wurden unter dem Einfluß von Neutronen radioaktiv. Ihren ersten Bericht zu diesem Thema reichten die Italiener im Mai 1934 zur Veröffentlichung in einer Zeitschrift ein, also nur vier Monate nach der Pioniertat der Joliots. Selbst für eine wohlausgestattete, eingeübte Arbeitsgruppe wäre dies eine bemerkenswert kurze Zeit gewesen, und das gleich beim ersten Startversuch! Dies unterstreicht aber auch die Einfachheit der experimentellen Methoden der Vorkriegszeit.

Noch im gleichen Jahr machte die Gruppe in Rom eine andere wichtige Entdeckung. Bruno Pontecorvo hatte sich ihnen angeschlossen, - ein frisch diplomierter, überschwenglicher junger Mann, der einige Jahre später abfallen und von Harwell[1] in die UdSSR gehen sollte. Pontecorvo und Edoardo Amaldi, ein anderes Mitglied des Teams, schoben eine Neutronenquelle in eine Silberröhre, um sie zu aktivieren, und erhielten ganz ausgefallene Ergebnisse. Beispielsweise wurde eine größere Radioaktivität erzeugt, wenn die Aktivierung auf einem Holztisch statt auf einer Metallplatte vorgenommen wurde. Nach mehreren solchen zufällig ausgewählten Experimenten machte Fermi ihnen den Vorschlag, die Aktivierung im Inneren eines großen Paraf-

---

[1] Das britische Atomforschungszentrum (d. Übers.).

Die frühen 30er Jahre: Ein goldenes Zeitalter der Atomphysik

finwachsklotzes auszuführen. Dadurch wuchs die Aktivität phantastisch an, etwa um das Hundertfache, wie durch Zauberei.

Wie alle anderen so war auch Fermi zwar überrascht, aber während der Mittagspause stellte er eine mögliche Erklärung auf. Seine Vorstellung war zum einen, daß die Neutronen die ursprünglich hohe Geschwindigkeit durch wiederholte Stöße gegen die Protonen im Paraffinwachs verlieren, und zum anderen, daß langsame Neutronen eine viel größere Wirkung entfalten können als schnelle. Seine Überlegung war, daß Wasserstoff-Atome die Neutronen effektiver bremsen würden als jedes andere Element, denn sie besäßen in etwa die gleiche Masse. (Dieses Argument ist nicht selbstverständlich, aber mit dem Modell der Billardkugeln leicht mathematisch nachweisbar.)

Eine einfache Nachprüfung bot sich von selbst an: Man wiederhole das Experiment in Wasser, das ja pro Liter etwa ebensoviel Wasserstoffatome enthält wie Paraffinwachs. Am gleichen Nachmittag wurden die Neutronenquelle und das Silberrohr in den Goldfischteich im Garten hinter dem Labor versenkt, und wiederum wurde die gleiche hohe Aktivität erreicht. Eine weitere Reihe von Experimenten ergab, daß der Effekt nicht auf Silber beschränkt ist; die meisten der von Neutronen hervorgerufenen Aktivitäten wurden durch wasserstoffhaltige Substanzen verstärkt.

Materialien wie Wasser und Paraffin, die Neutronen bremsen, wurden fortan *Moderatoren* genannt (sie *moderieren* die Neutronengeschwindigkeit), und sie sind für Kernreaktoren von großer Wichtigkeit. Diese Anwendung lag 1934 aber noch in weiter Ferne. Die unmittelbare Bedeutung der römischen Entdeckungen lag in dem Umstand, daß künstlich radioaktive Elemente von da ab einfach und in Mengen für Untersuchungen und Anwendungen hergestellt werden konnten. Man brauchte kein eigenes Zyklotron zu haben. Ebenso wie für die Physiker wurden diese Materialien jetzt auch für die Chemiker und Biologen nützlich.

Im nächsten Jahr verlangsamte sich in Rom der Fortschritt der Entdeckungen, und Segrè fragte Fermi nach dem Warum. Das lag z.T. daran, daß sie auf ihrem speziellen Forschungsgebiet den Rahm abgeschöpft hatten. Fermi schlug Segrè vor, sich umzuschauen, was in der Welt so vor sich ging, - damals, zu Zeiten von Mussolinis unheilvollem abessinischen Abenteuer, gar nicht zu reden von den Nazigeschehnissen in Deutschland. Sie waren tatsächlich alle so verängstigt, daß sie sich gar nicht mehr mit ganzem Herzen an die Wissenschaft gefesselt fühlten. Drei Jahre später, nach der Verleihung des Nobelpreises, gab Fermi dem Druck nach und zog von Italien in die USA; denn seine Frau war Jüdin.

Andere Gruppen wiederholten die italienischen Entdeckungen mit Begeisterung, unter ihnen die Männer um Bohr in Kopenhagen. Bohr war damals in seinem eigenen Land zu einer Legende geworden. Als der führende dänische Gelehrte wohnte er im Ehrenhaus auf dem Gelände der Carlsberg-

Die frühen 30er Jahre: Ein goldenes Zeitalter der Atomphysik

Brauerei bei freiem Pils und Lagerbier, und sogar die Straßenbahnschaffner wußten über ihn Bescheid. Seine Kollegen erhoben sich respektvoll, wenn er in den Speisesaal trat, wogegen er scheu auf der Schwelle stehen blieb. Aber in seinen persönlichen Freundschaften und seiner vollständigen, fast ehrfurchtsvollen Hingabe an die Geheimnisse der Natur konnte ihn nichts beirren.

Als das Zeitschriftenheft der *La Ricerca Scientifica* mit den Arbeiten von Fermi und seinen Mitarbeitern in Bohrs Institut ankam, versammelten sich alle um Otto Frisch, einen relativ jungen österreichischen Juden, der als einziger italienisch lesen konnte. Frisch war als Naziflüchtling gerade erst auf Bohrs Einladung hin im Institut angekommen, nachdem er zuvor noch ein Jahr bei Blackett in London gewesen war, der ihn in die experimentelle Kernphysik eingeführt hatte. Er war für Schlüsselstellungen bei der Entdeckung der Kernspaltung und der Projektierung der Atombombe ausersehen.

In Kopenhagen war die umgehende Reaktion auf die italienischen Berichte „Wir brauchen eine eigene, starke Neutronenquelle". Entsprechend stellte man einen Antrag über 100 000 Kronen für den Kauf von $^9/_{10}$ g Radium zu Bohrs 50. Geburtstag am 7. Oktober 1935. Sie wurden mit fein gemahlenem Beryllium zu einer Neutronenquelle vermischt. Frisch, der mit dieser speziellen Aufgabe betraut worden war, benutzte diese Quelle sofort zu eigenen Untersuchungen über die Durchlässigkeit verschiedener Stoffe für Neutronen.

Bohr verfolgte die Ergebnisse mit großer Aufmerksamkeit. Die Muster, die sich dabei nacheinander abzeichneten, entzogen sich mehrere Monate lang jeder Erklärung. Bei einem Institutskolloquium Ende 1935 unterbrach ein aufmerksamer, aber verlegener Bohr den Vortragenden. Dann hörte er mitten in einem Satz auf und setzte sich wieder hin, so als wäre ihm nicht wohl. Einen Augenblick später stand er wieder auf und sagte mit einem Lächeln „Jetzt verstehe ich es".

Dies war der Anfang für ein neues Bild vom Kernbau, das Bohr sich mit seinen Kollegen in dem folgenden Jahr erarbeitete. Er nahm an, daß der Kern aus einer Gruppe kleiner Kugeln besteht, – den Protonen und Neutronen, – die zwar zusammenhalten, wenn sie sich berühren, aber doch nicht so fest, daß sie sich nicht gegeneinander bewegen könnten. Das entspricht genau dem Bild eines Tropfens einer Flüssigkeit, eine Ansammlung kleiner klebriger Gegenstände (Atome oder Moleküle), die sich ständig um sich herum bewegen wie Gamow es schon 1928 vorgeschlagen hatte. Bohr wies besonders darauf hin, daß zwischen dem Einfangen eines Neutrons im Kern und dem nächsten Reaktionsschritt eine Pause eintreten muß. Man könnte danach erwarten, daß der Kern wirklich Tröpfcheneigenschaften besitzt.

Diese Flüssigkeitstropfen-Analogie läßt sich erstaunlich weit ausbauen. Wir können von Teilchen sprechen, die von außen auf dem Tropfen *konden-*

Die frühen 30er Jahre: Ein goldenes Zeitalter der Atomphysik

Tabelle 3. Wichtige Daten des *Goldenen Zeitalters* der Kernphysik

1930	Lawrence erfindet das Zyklotron.
1932	Cockcroft und Walton erzielen eine Kernumwandlung mithilfe eines Teilchenbeschleunigers *(Atomzertrümmerer)*. Chadwick entdeckt das Neutron. Urey entdeckt den schweren Wasserstoff. Anderson entdeckt das Positron.
1934	Die Joliot-Curies entdecken die künstliche Radioaktivität.
1935	Fermi führt den Begriff des Moderators für die Abbremsung von Neutronen ein.
1936	Bohr veröffentlicht sein Modell des Atomkerns.

sieren, und von Teilchen aus dem Inneren, die aus ihm *verdampfen*. Wir können von einer *Temperaturerhöhung* sprechen, wenn wir seine innere Energie erhöhen, wodurch seine Teilchen befähigt werden, leichter zu verdampfen. Wir können von einer *Oberflächenspannung* des Kerns sprechen, die dazu beiträgt, den Kern zusammenzuhalten.

Einige Jahre später verhalf das Modell des *Flüssigkeitströpfchens* zu einer anschaulichen Beschreibung des Kernspaltungsprozesses.

3 Die Kernspaltung wird entdeckt: Der Würfel ist gefallen

Die Strahlenchemiker vor allem in Berlin und Paris, nahmen die Ergebnisse über den Beschluß von Uran mit Neutronen in den römischen Berichten mit besonderem Interesse zur Kenntnis. Sie waren komplizierter als die über den Neutronenbeschuß auf jedes andere Element. Vier, wenn nicht gar fünf, radioaktive Reaktionsprodukte waren festgestellt worden, von denen wenigstens zwei aufgrund ihres chemischen Verhaltens von den Italienern für bisher unbekannte Elemente jenseits des Urans gehalten wurden, also für sogenannte Transuran-Elemente. In diesem Punkt hatten sie Unrecht. Was sie nicht gewußt hatten war, daß sie Kernspaltungsprozesse beobachteten; die neuen Substanzen waren Spaltprodukte, nämlich Isotope von ganz anderen Elementen als den Transuranen.

Die Nachrichten von den sonderbaren, neuen Reaktionsprodukten gelangten zu zwei der erfahrensten Strahlenchemiker der Welt, Otto Hahn und Lise Meitner, auf der Rückfahrt von einer internationalen Tagung zum Kaiser-Wilhelm-Institut in Berlin. Lise Meitner war eine Tante von Otto Frisch und arbeitete bei Otto Hahn seit sie 1907 für einen Zweijahresaufenthalt aus Wien zu ihm gekommen war (Tafel 2).

Ein Assistent von ihnen war sehr verwundert, daß sie vor einer Überprüfung der italienischen Experimente überhaupt noch ruhig schlafen konnten; Aristide von Grosse, ein alter Kollege von Hahn, bezweifelte Fermis Transuraninterpretation in einem Brief aus Amerika und heizte die Stimmung damit noch weiter an. „Wir fühlten uns verpflichtet, herauszufinden, wer von beiden recht hatte, Fermi oder Grosse", meinte Hahn. Um diese Herausforderung anzunehmen, unterbrachen sie ihre anderen Forschungsvorhaben und ein anderer Radiochemiker, Fritz Straßmann, schloß sich ihnen an.

Bald stießen sie auf neue Schwierigkeiten. Schon 1937 besaßen sie eine Aufstellung von neuen Substanzen, die aus Uran gebildet werden. Eine davon war ganz korrekt als ein Uranisotop identifiziert worden. Das war ganz normal; aber die Eigenschaften der anderen acht Substanzen schienen Fermis Transuranhypothese zu unterstützen, die aber schwerwiegende kernphysikalische Probleme aufwarf.

Unterdessen nahm auch Irène Joliot-Curie das Problem in Angriff, und zwar gemeinsam mit dem jugoslawischen Physiker Pavle Savitch. Sie entdeckten eine weitere Substanz, die sie dann besonders sorgfältig untersuchten

Die Kernspaltung wird entdeckt: Der Würfel ist gefallen

in der Absicht, sie zweifelsfrei zu identifizieren. Eigenartigerweise verhielt sie sich wie Lanthan, ein Element der Gruppe der *Seltenen Erden,* deren Atome etwas größer sind als ein halbes Uranatom. Heute wissen wir, daß es wirklich Lanthan war, und daß Joliot-Curie und Savitch um Haaresbreite die Entdeckung der Kernspaltung verfehlt hatten. Nur ein unglücklicher Versuch brachte sie von der Fährte ab, und sie mißinterpretierten die neue Substanz als das ganz ähnliche Element Actinium. Dies schien tatsächlich plausibler, denn der Sprung vom Uran zum Actinium ist wesentlich kleiner als der zum Lanthan (eine Abnahme von 3 gegenüber 35 positiven Ladungen).

Vermutlich hätte Irène gemeinsam mit ihrem Mann, Frédéric Joliot die richtige Antwort gefunden, wenn er mit seinem physikalischen Verständnis dem Problem seine Aufmerksamkeit zugewandt hätte. Aber er war mit zu vielen anderen Dingen beschäftigt, etwa mit der Grundsteinlegung im *Collège de France,* mit dem Bau von Kern-Beschleunigern und mit Streitereien mit der Regierung um Geldmittel. Zusätzlich wurde er für politisch linke Bewegungen im Kampf gegen Faschismus und Hitlerismus immer aktiver.

Natürlich hatte er auch weiterhin Kontakt zu den neuesten Fortschritten in der Kernphysik und nach diesen erwähnten Aktivitäten sprach er anläßlich einer wissenschaftlichen Konferenz in Rom mit Otto Hahn. Hahn sagte, daß er bei allem Respekt vor Irène dabei sei, deren Versuche zu wiederholen in der Annahme, daß ihr ein Fehler unterlaufen sei. Aber als er und seine Kollegen die Experimente ausgeführt hatten, dachten sie, daß sie die französischen Behauptungen bestätigt hätten, und erweiterten sie um zwei andere *Actinium*isotope sowie drei *Radium*isotope, die die Vorläufer oder Eltern der drei *Actinium*isotope wären. Das *Radium* zeigte ein ähnliches chemisches Verhalten wie Barium, und heute wissen wir, es war Barium, aber man kann diese beiden Elemente leicht verwechseln, und Hahn rechnete ja damit, Radium zu finden.

In jener Zeit wurde die Berliner Arbeitsgruppe durch den Anschluß Österreichs an das Reich auseinandergerissen. Lise Meitner war nicht mehr durch ihre österreichische Staatsbürgerschaft geschützt, sondern automatisch Deutsche geworden und den nationalsozialistischen Rassegesetzen unterworfen. Die Ausreise wurde ihr untersagt, aber mit Hilfe holländischer Freunde gelangte sie illegal und ohne Visum über die niederländische Grenze. Otto Hahn wartete gespannt auf die Nachricht ihrer glücklichen Ankunft. Sie hatte Glück; viele andere Flüchtlinge wurden verhaftet. Von Holland aus ging sie nach Schweden, von wo sie zur Einwanderung aufgefordert worden war. Aber dort im Exil, ohne die benötigten Apparate und ohne kernphysikalische Diskussionspartner fühlte sie sich wenig glücklich. Auch Hahn vermißte sie schmerzlich, aber setzte die mit ihr begonnene Forschung fort.

Hahn trug kurz darauf die gemeinsamen Uran-Untersuchungen in Kopenhagen vor, aber Bohr stellte die Ergebnisse in Frage. Als Kernphysiker

Die Kernspaltung wird entdeckt: Der Würfel ist gefallen

konnte Bohr sich nicht vorstellen, wie aus Uran mit Hilfe langsamer Neutronen Radium gebildet werden könne. Hahn antwortete, daß er als Chemiker nicht erkennen könne, daß seine Substanz etwas anderes als Radium sein könnte. Daraufhin machte Bohr den Vorschlag, daß sie es vielleicht mit einem besonderen Transuranelement zu tun hätten. Beide erkannten nicht die richtige Erklärung, daß sich die Substanz nicht nur wie Barium verhielt, sondern Barium *war*. Dies zeige, so bemerkte Hahn später, wie abenteuerlich, ja unmöglich es damals erschien, Barium als das Reaktionsprodukt zu betrachten.

Trotzdem arbeiteten Hahn und Straßmann auf dem einmal eingeschlagenen Weg weiter und versuchten den letzten Schritt, die Trennung des *Radium* vom Barium. Mit den praktischen Methoden waren sie vollkommen vertraut, aber die Ausführung war mühevoll, weswegen sie diese Experimente vermutlich auch nicht schon früher gemacht hatten. Zu ihrer Bestürzung mißlang die Trennung. Zur Kontrolle fügten sie eine bekannte Menge des Radiumisotops Mesothorium I bei und versuchten die Trennung erneut. Das echte Radiumisotop verhielt sich normal, aber die Substanz, die sie hartnäckig zu identifizieren versuchten, verblieb beim Barium. Das war am Samstag, den 17. Dezember 1938, und Hahn schrieb in sein Notizbuch: „Aufregende Fraktionierung von Radium/Barium/Mesothorium".

Am Montag, den 19. Dezember, begannen sie mit einer experimentellen Nachprüfung. Wenn das unbekannte Isotop wirklich Barium und nicht Radium war, dann sollte das Tochterisotop Lanthan und nicht Actinium sein, und das konnte durch eine Trennung parallel zu der gerade durchgeführten nachgeprüft werden. Während die Trennung noch durchgeführt wurde, schrieb Hahn einen langen Brief an Meitner, der in seinem Buch *Mein Leben* (Bruckmann, München 1968) zitiert ist. In ihm sagte er:

„... Es ist jetzt gleich 11 Uhr abends; um ¼12 will Straßmann wiederkommen, so daß ich nach Hause kann allmählich. Es ist nämlich etwas bei den *Radiumisotopen,* was so merkwürdig ist, daß wir es vorerst nur Dir sagen. Unsere Ra-Isotope verhalten sich wie Ba. Vielleicht kannst Du irgendeine phantastische Erklärung vorschlagen. Wir wissen dabei selbst, daß es eigentlich nicht in Ba zerplatzen kann. Nun wollen wir noch prüfen, ob sich die aus dem „Ra" entstehenden Ac-Isotope nicht wie Ac, sondern wie La verhalten. Alles recht heikle Versuche! Aber wir müssen doch klarwerden..."

Am Dienstag fand die Weihnachtsfeier im Kaiser-Wilhelm-Institut statt, aber schon Mittwoch abend war die experimentelle Nachprüfung beendet. Das *Actinium* war tatsächlich Lanthan. Am Donnerstag, den 22. Dezember, schrieben Hahn und Straßmann eine kurze Mitteilung an die *Naturwissenschaften,* in der sie dieser wissenschaftlichen Zeitschrift ihre *entsetzlichen Schlüsse* beschreiben, wie Hahn es in seinem Brief an Meitner nannte, eine Schlußfolgerung, die aller vorhergehenden Erfahrung in der Kernphysik widersprach. Der Herausgeber, Paul Rosbaud, war derart beeindruckt, daß er für die Mitteilung Platz schuf, obwohl anderes Material schon zum Druck fertig war. Dies Heft erschien am 6. Januar 1939.

Meitner hatte Hahns Brief inzwischen erhalten. Sie verbrachte Weihnachten mit schwedischen Freunden in Kungälv bei Göteborg. Ihre erste Reaktion auf Hahns Neuigkeiten war zurückhaltend, aber sie war stets aufgeschlossen. „Wir haben in der Kernphysik so viel Überraschungen erlebt, daß man dies nicht zurückweisen kann, in dem man einfach sagt, das sei nicht möglich."

Ihr Neffe Frisch war von Kopenhagen herübergekommen, um die Feiertage mit ihr zu verbringen. Nach seiner ersten Nacht in Kungälv sah er sie über jenem Brief grübeln. Er wollte über ein neues Experiment mit ihr diskutieren, das er mit einem großen Magneten vorhatte, aber seine Tante bestand darauf, daß er den Brief las. Später sagte er: „Sein Inhalt war so aufsehenerregend, daß ich zunächst geneigt war, zu zweifeln ... Die Vermutung, sie hätten schließlich einen Fehler gemacht, wurde von Lise Meitner ausgeschlossen; dafür sei Hahn ein zu guter Chemiker, versicherte sie mir".

Meitner und Frisch diskutierten das Problem bei einem Waldspaziergang im Schnee. Der Bariumatomkern ist kaum größer als der halbe Urankern; wie um alles in der Welt konnte der eine aus dem anderen gebildet werden? In allen zu jener Zeit bekannten Kernreaktionen bröckelten von einem Kern höchstens kleine Bruchstücke ab. Der Abbau von Uran zu Barium würde eine große Anzahl von Bruchstücken ergeben und dafür war nicht genug Energie verfügbar.

Der Urankern könnte auch nicht in zwei zerbrechen, denn Atomkerne sind nicht spröde wie Glas. Vor Jahren schon war der Gedanke geäußert worden, daß sie aber Flüssigkeitströpfchen ähnelten, und dies lieferte schließlich den Schlüssel für das Verständnis.

„Ein Tropfen könnte sich vielleicht allmählich in zwei kleinere Tröpfchen spalten, indem er zunächst länger wird, sich in der Mitte zusammenzieht und endlich in zwei eher zerrissen als zerbrochen wird? Wir wußten, daß es starke Kräfte gibt, die sich einem derartigen Vorgang entgegen wirken, ebenso wie sich die Oberflächenspannung eines normalen Flüssigkeitstropfens der Teilung in zwei kleinere widersetzt. Aber Kerne unterscheiden sich von gewöhnlichen Tropfen auf eine wesentliche Art: sie sind elektrisch geladen, und bekanntlich erniedrigt dieser Umstand die Oberflächenspannung.

An dieser Stelle setzten wir uns auf einen Baumstamm ... und begannen Berechnungen auf einem Fetzen Papier. Die Ladung des Urankerns war

Die Kernspaltung wird entdeckt: Der Würfel ist gefallen

tatsächlich groß genug, um die Oberflächenspannung fast vollständig zu kompensieren; so könnte der Urankern tatsächlich ein wackliger unstabiler Tropfen sein, der sich bei der geringsten Störung zerteilt (diese Störung war der Aufprall eines Neutrons)."

Als sie diesen Gedankenaustausch weiterverfolgten, erkannten sie einen möglichen Haken. Die beiden kleineren Tröpfchen, in die sich der Urankern teilt, mußten sich in die ursprüngliche Kernladung teilen, und - da sich gleichartige Ladungen abstoßen - würden die beiden Teile mit großer Energie auseinanderfliegen. Diese Energie war leicht berechnet, und war viel größer als man sie bisher in kernphysikalischen Laboratorien kannte. Sie betrug etwa 200 Mio. Elektronenvolt. Woher konnte sie stammen? Die Antwort war, daß Masse in Energie umgewandelt worden war in Übereinstimmung mit Einsteins Beziehung $E=mc^2$. Die beiden kleineren Kerne wogen zusammen etwas weniger als der Urankern, aus dem sie gebildet sind. Meitner berechnete die Differenz zu etwa einem Fünftel der Protonenmasse, und wenn dies in Einsteins Relation eingesetzt wurde, bekam die betreffende Energie gerade den richtigen Wert. Alles paßte zusammen! Der Urankern war in Stücke zerplatzt (Abb. 5).

Nach Weihnachten kehrte Meitner nach Stockholm zurück, während Frisch in erheblicher Erregung nach Kopenhagen zurückkreiste, um Bohr von ihren theoretischen Betrachtungen zu berichten. Bohr hatte bis dahin keine Ahnung, denn die *Naturwissenschaften* mit Hahn und Straßmanns Arbeit war noch nicht erschienen.

„Als ich Bohr erreichte, hatte er nur wenige Minuten übrig (vor einer Abreise nach den USA), aber ich hatte kaum angefangen, ihm zu erzählen, als er sich mit der Hand gegen die Stirn schlug und erklärte: „Oh, wie dumm wir doch alle waren! Oh, ist das wundervoll! Es ist genau so, wie es sein muß! Haben Sie und Lise Meitner eine Veröffentlichung darüber geschrieben?" Ich sagte, wir hätten es noch nicht, aber würden es gleich

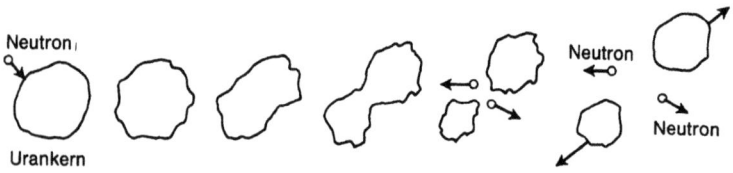

Abb. 5. Eine anschauliche Darstellung der Kernspaltung. Der Kern absorbiert ein Neutron, wird instabil, schnürt sich ein und teilt sich in zwei Kerne, wobei gleichzeitig zwei oder drei Sekundärneutronen freigesetzt werden

Die Kernspaltung wird entdeckt: Der Würfel ist gefallen

tun, und Bohr versprach, darüber nicht zu sprechen, bis die Arbeit herausgekommen wäre. Dann war er draußen, um das Schiff zu erreichen."

Die Publikation wurde über das Telephon entworfen und am 16. Januar 1939 an die *Nature* nach London gesandt, und zwar mit dem Titel: *Eine neue Art von Kern-Reaktionen*. Meitner und Frisch nannten den neuen Vorgang *Kernspaltung*. Diese Arbeit wurde begleitet von einer zweiten Mitteilung, in der Frisch auf Betreiben von Georg Placzek, einem anderen Kollegen und jüdischen Flüchtling in Kopenhagen, die hohe kinetische Energie der beiden Kernspaltungsbruchstücke experimentell bestätigte. Frisch nannte dies ein *sehr einfaches* Experiment, denn für die Zusammenstellung des Apparates hierfür benötigte er nur zwei Tage.

Die beiden Arbeiten erschienen am 11. und am 18. Februar. Für Meitner und Frisch war es gut, daß sie so rasch gehandelt hatten, denn nach der Lektüre der Arbeit von Hahn und Straßmann zogen auch andere alsbald ähnliche Schlußfolgerungen.

Bohr kam mit seinem Kollegen Leon Rosenfeld am gleichen Tag in New York an, an dem Meitner und Frisch ihre Mitteilungen an die *Nature* abgesandt hatten. An Bord hatten sie die Kernspaltung aus allen möglichen Blickwinkeln besprochen, aber unglücklicherweise hatte Bohr vergessen, Rosenfeld um Geheimhaltung der Neuigkeit bis zu deren Erscheinen zu ersuchen. Bohr blieb in New York, um Fermi in der Columbia Universität zu besuchen, während Rosenfeld weiter nach Princeton reiste, wo er die Katze aus dem Sack ließ. (Die *Naturwissenschaften* waren vermutlich noch nicht in den USA angekommen). Zu Rosenfelds Schrecken löste dies einen Wettlauf unter amerikanischen Physikern aus, die vor allem darauf erpicht waren, die große Energie der Spaltbruchstücke zu beweisen, ohne aber zu wissen, daß Frisch gerade dies schon getan hatte. Die Abteilung Physik in Princeton wirkte wie ein *aufgescheuchter Ameisenhaufen*.

Auf einer Konferenz über theoretische Physik in Washington Ende Januar spitzte sich die Diskussion zu. Bohr mußte notgedrungen die ganze Geschichte erzählen, angefangen von Hahn und Straßmanns Entdeckungen; dies geschah am 26. Januar. Berichten zufolge stürmten einige der Anwesenden, noch ehe Bohr beendet hatte, im Abendanzug in ihre Labors, um zu den Teilnehmern am Wettlauf um die Entdeckung zu gehören. Eine andere Erzählung berichtet von einem Physiker, der mit seinem Apparat nach dem Nachweis von Spaltprodukten sucht und gleichzeitig zu einem Journalisten durchs Telefon sagt: „Da ist wieder eins". Kaum je zuvor erlebte die wissenschaftliche Welt einen derartigen Wettlauf um neue Entdeckungen. Bohr und Rosenfeld hatten einigen Ärger mit der Durchsetzung der wahren Prioritäten gegenüber falschen Zeitungsberichten.

Die Auswirkung von Hahn und Straßmanns, Meitner und Frischs Arbeit war wie das Anknipsen von Licht in einer Dunkelkammer. Diejenigen, die

Die Kernspaltung wird entdeckt: Der Würfel ist gefallen

sich auch auf diesem Gebiet vorgetastet hatten, sahen jetzt klarer, und andere stürzten sich auf das Forschungsgebiet. Neue Ergebnisse kamen nun aus Kopenhagen, Cambridge, Paris, Berlin, New York, Berkeley, - eigentlich aus allen kernphysikalischen Zentren der Welt.

Einige blickten mit Bedauern zurück auf das Ziel, das sie verfehlt hatten. In Cambridge waren tatsächlich starke elektrische Stromstöße beobachtet worden, die durch Kernspaltung verursacht waren, aber als Apparatefehler abgetan wurden. Irène Joliot-Curie, die Hahn und Straßmanns Entdeckung beinahe zuvorgekommen wäre, meinte wie Bohr: „Was sind wir doch für Narren gewesen!".

Anstatt sich über die verpaßte Gelegenheit zu beklagen, sorgte ihr Mann, Frédéric Joliot, dafür, daß die Arbeitsgruppe in Paris im nächsten Akt dieses Stückes eine bedeutendere Rolle spielen würde. Als ihn die *Naturwissenschaften* mit Hahn und Straßmanns Arbeit am 16. Januar erreichte, verbrachte er einige Tage mit tiefem Nachdenken. Unabhängig von Meitner und Frisch kam er zu dem Ergebnis, daß Spaltung die Erklärung von Hahn und Straßmanns Ergebnissen sein muß, und auch zu der Erkenntnis, daß die Spaltungsbruchstücke eine sehr große Energie haben müßten. Um letzteres zu zeigen, wurde am 26. Januar in Paris ein Experiment durchgeführt, das Joliot und seine Mitarbeiter so sehr von der Tatsache der Spaltung überzeugte, daß sie alles andere fallen ließen, um den Konsequenzen dieser Erscheinung nachzugehen.

4 Entscheidung im Experiment: Gibt es die Kettenreaktion?

Binnen weniger Tage nach der Entdeckung der Spaltung wurde einer Anzahl von Wissenschaftlern klar, daß bei diesem Prozeß Neutronen freigesetzt werden könnten. Diese Erkenntnis führte zu der Überlegung, daß hier vielleicht der Keim für eine großtechnische Methode zur Freisetzung der ungeheuren Energie des Atomkerns gegeben sei. Man sprach von einer *Superbombe*.

Der springende Punkt dabei ist, daß eine Kettenreaktion von Spaltungen auftreten kann, wenn Neutronen sowohl für die Startreaktion benötigt werden als auch als Reaktionsprodukte auftreten. Die Sekundärneutronen einer Spaltung reagieren weiter, indem sie weitere Spaltungen auslösen; diese geben noch mehr Neutronen frei, die wiederum Spaltprozesse auslösen, und so fort (Abb. 6). Die Nachrichtenkaskade großer Organisationen möge dies verdeutlichen. Einer ruft an und veranlaßt die Alarmierung von fünf anderen, die wiederum fünf weitere alarmieren sollen, usf., so daß die Anzahl ständig wächst und rasch sehr groß wird.

Mit dem Begriff der Kettenreaktion waren die Wissenschaftler 1939 bereits vertraut, und zwar von der Erklärung chemischer Explosionen her. Sie erkannten, daß eine entsprechende Kernexplosion, falls sie möglich ist, millionenfach stärker wäre.

Dies war eine schreckliche Aussicht, namentlich in einer Welt, die rasch auf einen Krieg zusteuerte. Der französische Kernphysiker Bertrand Goldschmidt beschreibt in seinem Buch *Das atomare Abenteuer*, wie das Klima in der Kernforschung über Nacht umschlug:

„Von einem Tag auf den anderen hörte die Kernphysik auf, lediglich eine Domäne der Grundlagenforschung zu sein, ein Reservat für den einzelnen Forscher. Im Anblick ihrer moralischen und politischen Verantwortung trat eine neue Elite, die der Kernphysiker, in das Rampenlicht der Öffentlichkeit, und spielte im Leben großer Nationen eine entscheidende Rolle."

Bis 1938 war die Physik ein Spaß. Jetzt fühlten sich die Leute in den *Elfenbeintürmen* plötzlich als Treuhänder eines Wissens, das die Weichen der Geschichte stellen könnte. Natürlich war ihnen die ungeheure Energie, die in den Atomkernen schlummert, längst bekannt, aber sie hatten keine Vorstellung, wie man sie freisetzen könnte. Rutherford hatte, obwohl er gewöhnlich gut vorausschauen konnte, öffentlich erklärt: „Jeder, der in der Atomum-

Entscheidung im Experiment: Gibt es die Kettenreaktion?

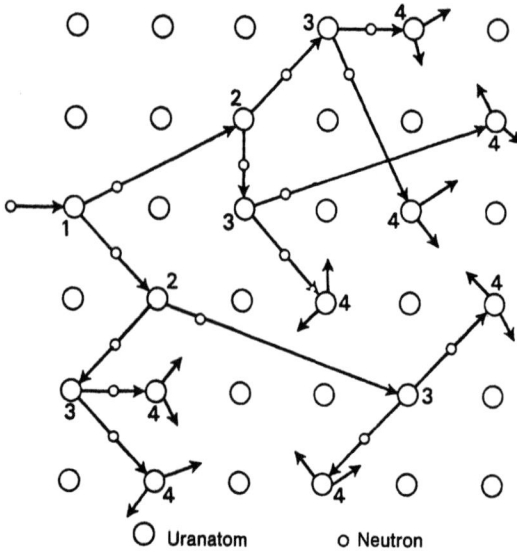

Abb. 6. Darstellung einer Kernspaltungskettenreaktion. Die Reaktion wird initiiert durch das Neutron *links*, und die ersten vier Schritte der Kette sind durch Zahlen gekennzeichnet. Bei jeder Spaltung werden zwei Neutronen frei, die dann beide eine weitere Spaltung bewirken. In Wirklichkeit gehen aber viele Neutronen durch Nebenreaktionen verloren, weshalb es sehr viel weniger Kettenverzweigungen gibt

wandlung nach einer Kraftquelle sucht, redet Unsinn." Das geschah 1933 anläßlich der Jahrestagung der *British Association for the Advancement of Science*. Laut Heisenbergs Buch *Der Teil und das Ganze* (Piper Verlag, München 1969) hatten weder er noch Bohr ihre Stimme dagegen erhoben, als Rutherford diese Meinung in ihrer Gegenwart privat äußerte. Sie dachten in der Tat alle an Experimente wie die von Cockcroft und Walton, bei denen eine beträchtliche Menge elektrischer Energie für die Umwandlung einer winzigen Masse verbraucht wurde, und die Suche nach einem Reingewinn dabei konnte tatsächlich als Unsinn bezeichnet werden. Sie hatten die Möglichkeiten einer Neutronen-Kettenreaktion nicht vorausgesehen.

Aber schon zu jenem frühen Zeitpunkt gab es einen Mann, den ungarisch-jüdischen Naziflüchtling Leo Szilard, der weiter gedacht hatte. Er sagte, daß diese Vorstellung in ihm aufblitzte, als die Verkehrsampel von rot nach grün sprang, während er auf der Southampton Row in London entlang ging und über Rutherfords *Unsinn* nachdachte. Er begann, vom Standpunkt der Kernkraft und Atombomben aus die Konsequenzen im Detail auszuarbeiten und war anderen weit voraus, die Jahre später vieles davon wiederentdeckten. Dies alles ist festgehalten in einem britischen Patentantrag vom 12. Mai 1934, dessen Lektüre bezüglich dieses frühen Datums überrascht, aber er blieb ohne Einfluß auf die weitere Entwicklung, weil Szilard ihn aus Sorge vor möglichen Konsequenzen dadurch geheimhielt, daß er ihn an die Admiralität übergab. Nach den Bemerkungen, die er damals notierte, erscheint es möglich, daß er Hahn und Straßmann mit der Entdeckung der Spaltung hätte zuvorkommen können, wenn er nur die Mittel zur experimentellen Ausführung seiner Ideen gehabt hätte; sicher ist, daß er das Element Uran für lohnende Untersuchungen vorgemerkt hatte.

Die Befürchtungen, die Anfang 1939 entstanden waren, wurden für manche vorübergehend durch die Überzeugung ausgeräumt, daß die Kettenreaktion, sofern sie überhaupt gelänge, doch nicht zu einer Explosion führen würde. Die Begründung dafür kam von keinem geringeren als Bohr. Sie entstand kurz nach der Entdeckung der Spaltung gelegentlich einer Diskussion in Princeton, als Bohr triftige Gründe dafür feststellte, daß Hahn und Straßmann die Spaltung des seltenen Uranisotops ^{235}U beobachtet hatten, also nicht die des vorherrschenden Isotops ^{238}U. Placzek sowie der Amerikaner John A. Wheeler, die an der Diskussion teilnahmen, wetteten 1846 gegen 1 Cent darauf, daß Bohr recht habe. (1846 war das damals akzeptierte Massenverhältnis zwischen Proton und Elektron.) Der Beweis kam erst über ein Jahr später, im März 1940, als kleinste Proben von teilweise getrenntem ^{235}U und ^{238}U zur Verfügung standen. Bohrs Annahme wurde bestätigt, und Placzek sandte Wheeler einen Scheck über $ 0,01.

Die Folge davon ist, daß ^{238}Uran tatsächlich die Kettenreaktion behindert, weil es viele Neutronen einfängt, ohne daß diese dabei eine Spaltung bewirken. Diesem Effekt kann man durch Abbremsen der Neutronen-Geschwindigkeit begegnen, denn dies treibt die Anzahl der ^{235}U-Spaltung nach oben. Aber mit langsamen Neutronen wird die ganze Reaktion so langsam, daß es nicht mehr zu einer Explosion kommen kann; Bohr wies darauf hin, daß die Neutronen dann viel zu viel Zeit brauchen, um von einem Uranatom zum nächsten zu gelangen. Das kann nur zu einer Verpuffung führen, die das Uran verspritzt und die Reaktion beendet.

Bohr hatte tatsächlich völlig recht mit der Annahme, daß natürlich vorkommendes Uran nicht für die Bombe taugt. Aber angenommen ^{238}U könnte entfernt werden, so daß reines ^{235}U zurückbleibt? Sechs Jahre später sollten die Amerikaner genau dies tun, und die Bombe herstellen. Diese Möglichkeit hatte Bohr nicht außer acht gelassen, aber 1939 schien sie wirklich nicht gegeben zu sein. Mit Ausnahme des Wasserstoffs, wo es besonders einfach ist, war noch kein Element in großer Menge in seine Isotope zerlegt worden; Die Schwierigkeiten und Kosten schienen dies zu verbieten.

Entscheidung im Experiment: Gibt es die Kettenreaktion?

Ob Bohr nun recht hatte oder nicht, 1939 bestand der Bedarf nach handfesten experimentellen Beweisen, ob eine Kern-Kettenreaktion möglich wäre oder nicht. Der Erste auf diesem Gebiet scheint Joliot in Paris gewesen zu sein. Die Vorstellung einer solchen Kettenreaktion hatte er zwar in seinem Nobel-Vortrag 1935 flüchtig gestreift, aber nicht ausgearbeitet. Nun aber, nachdem er sich von der Realität der Spaltung durch eigene Experimente selbst überzeugt hatte, begann er mit der Arbeit gemeinsam mit zwei naturalisierten Franzosen, zwei jungen Wissenschaftlern z. T. jüdischer, ausländischer Herkunft.

Einer von Ihnen, Lew Kowarski, meinte, „die erste Kernkettenreaktion zu verwirklichen wäre wie den Stein der Weisen zu finden. Das ist weit mehr als der Nobelpreis", während der andere, Hans von Halban jr., dieses Team als „ganz von der Schaffung einer Kettenreaktion, die für die Nutzung der Kernkraft verwendet werden könne, gefangen genommen" beschrieb.

Joliot hatte ein neues Institut am *Collège de France* errichtet. Nun hatte er die richtigen Leute und Geräte und konnte sich uneingeschränkt von der Verwaltung ab und zur Forschung hinwenden. In den nächsten Monaten arbeitete diese Gruppe täglich 12-14 Stunden im Labor.

Der erste wesentliche Schritt war die Bestätigung der Annahme, auf der die ganze Vorstellung von der Kettenreaktion beruht, nämlich daß Sekundärneutronen bei der Uranspaltung freigesetzt werden. Falls die Antwort ja sein sollte, wäre der nächste Schritt die Bestimmung ihrer Anzahl. Im Mittel wird mindestens ein Neutron pro Spaltung benötigt, damit eine Spaltung zur nächsten führt, und so fort, so daß die Kette kein Ende hätte. Tatsächlich müßten aber erheblich mehr als ein Neutron pro Spaltung freigesetzt werden, weil viele dieser Neutronen bei anderen Prozessen verloren gehen, und es muß nach all diesen Verlusten wenigstens ein Neutron übrig bleiben. Um auf die kaskadenartige Nachrichtenübermittlung zurückzugreifen: Jede Person, die die Nachricht erhält, muß einen Telephon-Anruf tätigen, der eine andere alarmiert, wenn die Kette überhaupt fortgeführt werden soll, und, wenn ein Teil der Anrufe vergeblich ist oder den Empfänger nicht aktiviert, so muß er mehr als einen Anruf tätigen.

Die Experimente waren schwieriger als man sich zunächst vorstellte. Die Aufgabe besteht ja darin, die Sekundärneutronen inmitten der Flut von Primärneutronen zu finden, die für den Beginn der Reaktion benötigt werden. Hier war Halban in der Lage, eine Methode anzuwenden, die er bei Frisch in Kopenhagen gelernt hatte, wo er für ein Jahr gewesen war. Im Prinzip besteht die Methode darin, daß man eine Neutronenquelle in die Mitte einer uranhaltigen Flüssigkeit bringt, und die Zahl der Neutronen in verschiedenen Abständen von dieser Quelle mißt (Abb. 7).

Die Zahl der Neutronen nimmt ähnlich wie Licht mit der Entfernung von der Quelle ab. Diese Zahl nimmt noch rascher ab, wenn einige Neutronen

Entscheidung im Experiment: Gibt es die Kettenreaktion?

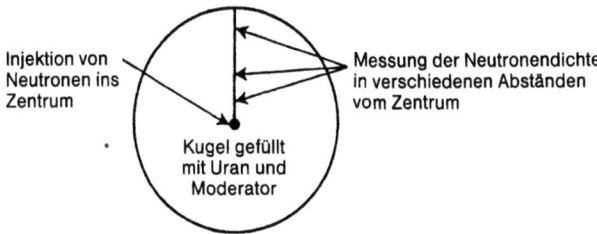

Abb. 7. Schematische Darstellung der Messung von Sekundärneutronen bei der Kernspaltung

von der Flüssigkeit absorbiert werden ähnlich wie Licht im Nebel. Mit Neutronenabsorptionsmessungen kann man deshalb bestimmen, in welchem Ausmaß Flüssigkeiten absorbieren (entsprechend der Dicke des Nebels), und das war es, was Frisch, Halban und ein Däne namens Henrik Koch in Kopenhagen gemacht hatten.

Die Pariser Gruppe füllte ihren Behälter jetzt mit einer Uranylnitratlösung und danach zum Vergleich mit einer Ammoniumnitratlösung. Eine Abnahme der Neutronen-Intensität durch Absorption trat in beiden Fällen auf. Besonders wichtig war für die Experimentatoren der Umstand, daß nach außenhin, am Behälterrand (im Abstand von ca. 20 cm von der Neutronenquelle) im Falle des Uranylnitrats sich mehr Neutronen befanden als in dem des Ammoniumnitrats. Der Überschuß mußten die Sekundär-Neutronen sein, nach denen sie suchten.

Das Team überprüfte das Experiment noch einmal und publizierte sofort. Am 8. März raste Kowarski zum Flughafen Le Bourget und sandte den Brief an die *Nature,* die eine raschere Publikation versprach als die französischen *Comptes Rendus,* und diese Zuschrift erschien am 15. März.

Fermi, Szilard und ihre Mitarbeiter machten etwa gleichzeitig die gleiche Entdeckung in der Columbia Universität in New York, aber wegen der möglichen militärischen Bedeutung hielten sie sich auf Szilards Initiative hin mit der Publikation zurück.

Szilard war gerade dabei, sein Geheimpatent bei der britischen Admiralität zurückzuziehen, als die Neuigkeiten über die Kernspaltung verbreitet wurden, und seine alten Besorgnisse wurden zu neuem Leben erweckt. Eine seiner ersten Ideen war, Nachrichten über mögliche Kettenreaktionen von Deutschland fern zu halten, und er schlug eine freiwillige Nachrichtensperre über die Spaltung vor, um den Nazis die Forschungsergebnisse der Länder, die sie bedrohten, vorzuenthalten, - Ergebnisse, die so lange von ihnen verwendet werden konnten, wie an der üblichen wissenschaftlichen Praxis der

Entscheidung im Experiment: Gibt es die Kettenreaktion?

freien Veröffentlichung festgehalten wurde. Bohr unterstützte diese Idee, und Blackett sicherte Szilard zu, daß man der Mithilfe der Royal Society in London vertrauen könne.

Am 2. Februar schrieb Szilard an Joliot, um ihn für das Projekt anzuwerben, aber umsonst. Die französische Reaktion war zunächst Überraschung und dann Ablehnung. Goldschmidt, der in dieser Zeit am *Collège de France* arbeitete, gab die Gründe dafür an:

> „Der freie Meinungsaustausch war in der Kernphysik stets gewährleistet und hatte gelegentlich sogar schon den Charakter eines Wettrennens, bei dem einige Tage mehr oder weniger den Unterschied zwischen dem Ruhm der Entdeckung und dem der weniger befriedigenden Bestätigung bedeuteten."

Offensichtlich war die Gruppe in Paris nicht in Stimmung, die Hoffnung auf den Ruhm aufzugeben, und trotz Joliots Besorgnissen über die Fortschritte des Nazismus konnte Szilards Brief die Publikation nicht aufhalten. Zur Entschuldigung könnte angeführt werden, daß ihre Absichten mehr auf industrielle als auf militärische Anwendungen gerichtet waren.

Auch nachdem der französische Brief vom 15. März in der *Nature* erschienen war, versuchte Szilard, die Resultate der *Columbia University* zurückzuhalten. Sie waren zwar schon an die *Physical Review* abgesandt, aber der Herausgeber war gebeten worden, mit dem Publizieren bis zur Lösung der Frage nach freiwilliger Zensur zu warten. In Anbetracht der französischen Publikation wurde Szilard aber von seinen Kollegen überstimmt und ihre Zuschriften erschienen am 15. April. Sein Plan hatte zu nichts geführt. 1939 erschienen mehr als hundert Arbeiten aus der Spaltungsforschung, von aufsehenerregenden Zeitungsartikeln ganz abgesehen. Später, nachdem der Krieg ausgebrochen war, mußten Tausende von Wissenschaftler natürlich eine totale Publikationssperre akzeptieren.

Eine der Zuschriften an die *Physical Review* enthielt die Schätzung von zwei Sekundärneutronen pro Spaltung. Also ein Neutron stand für die Fortführung der Kette zur Verfügung, während das andere verloren gehen durfte; das dürfte gut genug sein. Eine noch ermutigendere Darstellung von (im Mittel) 3,5 Sekundär-Neutronen war von den Franzosen in einer weiteren Zuschrift an die *Nature* am 22. April mitgeteilt worden, aber einige Monate später ergab eine Nachrechnung, in der ein theoretischer Fehler berichtet wurde, eine Erniedrigung auf 2,6. Der heute akzeptierte Wert beträgt 2,5. Eine ähnliche Publikation erschien zu dieser Zeit auch in Rußland.

Etwa gegen Ende April 1939 waren also die ersten Grundlagen für eine Uran-Kettenreaktion geschaffen, und sie waren in die ganze Welt hinausposaunt worden.

Die Wissenschaftler der *Columbia University* hatten die US-Regierung sogleich über ihre ersten Ergebnisse wegen deren weitreichender Tragweite

Entscheidung im Experiment: Gibt es die Kettenreaktion?

informiert. Auf Vorschlag eines anderen Immigranten aus Ungarn, Eugen P. Wigner[1], gewann dieser Vorgang am 17. März in Washington Gestalt, und zwar in Form einer Zusammenkunft von Fermi mit einer Gruppe von Wissenschaftlern von Heer und Marine. In der ganzen Welt war dies der erste Kontaktversuch mit einer Staatshierarchie in dieser Angelegenheit, wenngleich bis auf einige Ermutigungen wenig dabei herauskam, weil Fermi selbst noch nicht recht überzeugt war. Selbst damals als die Spaltung entdeckt worden war, soll er zur Idee der Atombombe *Unsinn* gesagt und der Kettenreaktion nur eine geringe Wahrscheinlichkeit zugestanden haben.

Die Franzosen hatten in diesem Stadium noch keinen Kontakt zur Regierung gesucht, wohl aber Patentanträge bezüglich der Anwendung ihrer Entdeckungen gestellt. Ihr Motiv war nicht der persönliche Vorteil, sondern Nationalstolz; sie übertrugen das Eigentum an ihren Patenten auf öffentliche wissenschaftliche Institutionen in der Absicht, Frankreich eine Hauptrolle zu sichern für den Fall, daß die Kernkraft industriell erschlossen werden sollte.

Joliot nahm auch mit Edgar Sengier Kontakt auf, dem Präsidenten der *Union Minière du Haut-Katanga,* einer belgischen Gesellschaft, die sich mit der Gewinnung von Radium aus Uranerzen von Zaire beschäftigte. Er erhielt Uran für seine Experimente und versprach ein gemeinsames Uranbombenprojekt in der Sahara.

Die Wissenschaftler in Deutschland und Großbritannien wurden erstmals durch den Artikel von Joliot, Halban und Kowarski am 22. April in der *Nature* über die Möglichkeit einer Kettenreaktion alarmiert (die Nature erreichte sie vor den *Physical Review* vom 15. April). Sie nahmen sofort Kontakt mit ihren Regierungen auf.

In London bat George Thomson, vom *Imperial College,* Sohn des berühmten J.J. Thomson, einige Kollegen um ihren Rat, und binnen vier Tagen waren mehrere Dienststellen der Regierung ins Bild gesetzt worden. Die Beschaffung von Uran wurde als vordringlichster Gesichtspunkt betrachtet. Das einzige größere Lager schien das der *Union Minière* zu sein, und man beschloß, sich zu bemühen, daß diese Vorräte für Großbritannien reserviert und für Deutschland gesperrt sein sollten. Man wandte sich deshalb an Sengier, der für eine Zusammenarbeit sehr zugänglich war. Er war durch Joliot bereits über die Wirkungsmöglichkeiten von Uran informiert und versprach, die Briten über alle ungewöhnlichen Bestellungen zu verständigen, aber er hatte nur die Rückstände von der Radium-Gewinnung und wenig reines Uran zur Verfügung. Auch die Holländer erschienen auf der Bühne und erhielten von Sengier acht Tonnen Uranoxid; dies blieb während der deutschen Besatzungszeit in einem Keller in Delft versteckt und stand so nach

---

[1] Der bis 1933 Dozent für Physik an der heutigen Technischen Universität Berlin war (d. Übers.).

Entscheidung im Experiment: Gibt es die Kettenreaktion?

dem Krieg einem holländisch-norwegischen Kernvorhaben als Starthilfe zur Verfügung.

In Großbritannien wurde auch mit einem gemeinsamen Forschungsvorhaben verschiedener Universitäten begonnen, obwohl mehrere führende Wissenschaftler ihre Bedenken gegenüber dem ganzen Vorhaben zum Ausdruck brachten. Sir Henry Tizard, ein Berater der Luftwaffe, sprach von einer Wahrscheinlichkeit von hunderttausend zu eins gegen eine erfolgreiche militärische Anwendung, und Frederick Lindemann, der spätere Lord Cherwell sagte zu Churchill, vielleicht unter dem Eindruck von Bohrs Argumenten, daß es mit der Anwendung einige Jahre dauern würde, und hernach doch keine außergewöhnlich starken Waffensysteme geben könne.

Deutsche Wissenschaftler waren ähnlich rasch zur Stelle wie Thomson. Als die entscheidende Ausgabe der *Nature* vom 22. April erschien, erfolgten zwei voneinander unabhängige Annäherungsversuche zu Ministerien, der eine von den Physikern Georg Joos und Wilhelm Hanle von der Universität Göttingen, und der andere von den Physikochemikern Paul Harteck und Wilhelm Groth von der Universität Hamburg. Hartecks Fachinteresse stammte aus seiner Tätigkeit fünf Jahre zuvor bei Rutherford im *Cavendish*.

Joos und Hanle schrieben an das Erziehungsministerium, wo Professor Abraham Esau, trotz seines hebräischen Namens ein Nazi-Parteigänger, sofort eine Besprechung für den 29. April einberief, an der mehrere hervorragende Physiker teilnahmen. Eins der wesentlichen Ergebnisse war die Beschlagnahme des begrenzten deutschen Uranvorrats. Nachrichten von dieser Besprechung sickerten nach Großbritannien durch und lösten dort einige Beunruhigung aus.

Harteck und Groth schickten am 24. April einen Brief an das Kriegsministerium: „Wir nehmen uns die Freiheit, Ihre Aufmerksamkeit auf die neueste Entwicklung in der Kernphysik zu lenken, die es nach unserer Meinung möglich macht, einen Sprengstoff herzustellen, der um viele Größenordnungen stärker ist als konventionelle Sprengstoffe."

Diese Botschaft durchlief den Ministerialapparat und landete schließlich bei Kurt Diebner, einem ausgebildeten Kernphysiker, der wie Esau bereit war, dem Naziregime zu Diensten zu sein. Er setzte sich selbst als Chef eines Kernforschungsamtes im Heereswaffenamt ein, obwohl ihm sein Vorgesetzter sagte: „Hör mit Deinem Atomquatsch auf."

Es gab also zwei rivalisierende Initiativen in verschiedenen Ministerien und beide in Händen von ergeizigen Leuten, die in einem Kernprogramm die Möglichkeit für die eigene Karriere sahen. Im Sommer 1939 verdrängte Diebner Esau und verschaffte sich freie Bahn, Deutschlands Kriegsprojekt in Angriff zu nehmen. Während dieser internen Machtkämpfe erfolgten praktisch keine wissenschaftlichen oder technologischen Entwicklungsarbeiten zur Kernspaltung.

Entscheidung im Experiment: Gibt es die Kettenreaktion?

Russische Wissenschaftler verfolgten gleichfalls die Nachrichten über die Kernspaltung, aber offenbar mit wesentlich weniger Engagement. Sie waren an der Physik der Kettenreaktion eher akademisch interessiert, und diskutierten sie als industrielle Energiequelle. Sie ließen bemerkenswerterweise aber militärische Anwendungen anscheinend außer acht, obwohl sie explosive Kettenreaktionen als theoretisches Problem untersuchten. In der Akademie der Wissenschaften gab es eine Kommission für die Untersuchung des *Uranproblems*, aber keinen ernsthaften Versuch, die Regierung einzuschalten. Es gab auch keine Zensur; Zeitungsartikel über Atomenergie erschienen ohne Einschränkung. Dieser sorglose Zustand schien so lange zu bestehen, bis die russische Kernforschung durch die deutsche Invasion 1941 plötzlich unterbrochen wurde.

Auch eine andere künftige kriegführende Macht überwachte die Lage sorgfältig - Japan. Zu jener Zeit besaß es einige hervorragende Kernphysiker. Einer von ihnen, Yoshio Nishina, hatte einige Jahre bei Bohr in Kopenhagen verbracht. Ein anderer, Ryokichi Sagane, ging nach Berkeley, um bei Lawrence etwas über das Zyklotron zu erfahren. Die Japaner waren zweifellos in der Lage, ebenso intelligent über mögliche Anwendungen der Kernenergie zu theoretisieren wie ihre Kollegen in Europa und Amerika.

Aus experimenteller Sicht schien der nächste logische Schritt, nach der Messung der Ausbeute von Sekundärneutronen bei der Spaltung, der Bau eines Pilotreaktors zu sein, in dem eine sich selbst fortpflanzende Kettenreaktion abläuft. Dies wurde eines der ersten Ziele in Großbritannien, Frankreich und den USA, und später auch in Deutschland. Die Hoffnung wurde auf langsame Neutronen gesetzt, die so viel mehr Spaltungen verursachen als schnelle, weshalb dem Uran Wasser oder Paraffinwachs zur Bremsung der Neutronen beigegeben wurde. Nicht, daß dabei unmittelbar an die Produktion der Bombe gedacht wurde, aber es schien der natürliche Weg zu sein, der auch zur Kernkraft führen konnte.

War ein Kernreaktor möglich? Oder würde sich die Kette in allen denkbaren Varianten allmählich doch nur totlaufen und zu nichts führen? Wir würden dann einer Situation begegnen ähnlich der einer Tierart, deren Anzahl schrumpft bis sie erloschen ist, während wir nach einer Bevölkerungsexplosion an Neutronen suchen.

In derartigen Fällen beruht alles auf der Anzahl und dem Schicksal der Nachkommen - im Falle des Kerns der Sekundärneutronen - von den aufeinanderfolgenden Generationen. Es ist eine Frage der Geburtenziffer im Verhältnis zur Sterblichkeit. Im April 1939 war, wie oben beschrieben, mit großer Gewißheit bekannt, daß die Geburtenziffer groß genug war, aber die Sterblichkeit, das Ausmaß des Verlustes an Neutronen, war ungewiß.

Die Frage ist die: Nimmt die Anzahl der Neutronen von einer Generation zur nächsten zu oder ab? Es ist deshalb angebracht, das Verhältnis der

Entscheidung im Experiment: Gibt es die Kettenreaktion?

Anzahl aufeinanderfolgender Generationen zu betrachten. Dies nennt man den Neutronenmultiplikationsfaktor, der gewöhnlich mit k bezeichnet wird. Wenn sich beispielsweise die Anzahl von Generation zu Generation verdoppelt, dann gilt k = 2, aber wenn die Zunahme 5% beträgt, so gilt k = 1,05. Jede derartige Zunahme ist als Zinseszins bekannt und kann, falls unkontrolliert, zur Explosion führen, während eine Abnahme, mit k kleiner als eins, ein allmähliches zu Endegehen impliziert.

Die potentiellen Kernreaktorkonstrukteure von 1939 fingen also an, die k-Werte der von ihnen beabsichtigten Substanzen zu messen in der Hoffnung, k-Werte größer als eins zu erreichen. Die Experimente betrafen Untersuchungen über das Schicksal von Neutronen, die entweder in die Substanzmasse selbst oder aber in einzelne Konstruktionsteile eindringen.

Dann ist noch eine weitere Überlegung erforderlich, für die ein Freudenfeuer eine Parallele darstellt. Ein offenes Feuer muß eine bestimmte Größe erreicht haben, ehe es selbständig brennen kann; wenn es zu klein ist, wird zuviel Wärme abgestrahlt und geht an die Umgebung verloren anstatt die Verbrennung aufrechtzuerhalten. In ähnlicher Weise muß ein Kernreaktor bis zu einer bestimmten Mindestgröße aufgebaut werden, die man die *kritische Größe* nennt, um zu große Neutronen-Verluste an die Umgebung zu vermeiden. Unterhalb der kritischen Größe arbeitet er nicht; oberhalb kann er sozusagen aufflammen. Die kritische Größe kennzeichnet die Menge, bei der sich der Reaktorinhalt im Gleichgewicht befindet, wo also der Gesamtverlust an Neutronen (unrentable Absorption plus Schwund) genau gleich der Zusatzproduktion ist. Die gleiche Vorstellung gilt für die Atombombe.

Es müssen also zwei Bedingungen erfüllt sein, bevor Selbsterhaltung einer Kettenreaktion erzielt werden kann:
- der k-Wert muß größer als eins sein;
- die kritische Größe muß erreicht sein.

Falls der k-Wert kleiner als eins ist, läuft sich die Kette tot. Eine Vergrößerung der Reaktormasse nutzt dann gar nichts; es existiert dann keine kritische Größe. Falls der k-Wert aber größer als eins ist, gibt es stets eine Stelle, an der der Reaktor *kritisch* wird, wenn man seine Größe stetig erhöht. (Dem technisch vorgebildeten Leser soll hier klargestellt sein, daß k den Neutronen-Multiplikationsfaktor für die unendlich große Anlage bedeutet, also $k = k_\infty$.)

Francis Perrin, der sich Joliots Gruppe angeschlossen hatte, wird gelegentlich das Verdienst zugeschrieben, er sei im Frühjahr 1939 der erste gewesen, der den wichtigen Begriff der kritischen Größe eingeführt habe, aber in Wahrheit hinkte er Szilard um fünf Jahre hinterher, der ihn in seinem geheimen britischen Patent von 1934 einbezogen hatte. Sicherlich war Joliot unabhängig darauf gekommen und wandte ihn dann auf solche Anordnungen an, die die Franzosen untersuchten. Er veranschlagte, daß einige vierzig Tonnen

Entscheidung im Experiment: Gibt es die Kettenreaktion?

Uran erforderlich sein würden, ehe diese Anlagen kritisch werden, so daß sie ziemlich groß werden würden. Obwohl dieser Wert auf mageren Informationen beruhte, war er doch von richtiger Größenordnung; dreieinhalb Jahre später enthielt der erste Kernreaktor etwa 50 Tonnen Uran.

Die Anlagen, wie sie in jenen ersten Tagen untersucht wurden, waren im allgemeinen noch recht plump. Fermi und Szilard begannen einfach damit, Uranverbindungen in Wasser aufzulösen. Die Franzosen füllten Kupferkugeln mit feuchtem Uranoxid und versenkten diese in Wasserbehälter. Thomson und sein Mitarbeiter Philip Moon machten ähnliche Experimente und versuchten es auch allein mit Uranoxidkugeln, also ohne Wasser, mit der Idee, auch Kettenreaktionen mit schnellen Neutronen auszulösen. Das Uranmetall wäre dem Uranoxid vorzuziehen gewesen, aber zu jener Zeit war dies eine chemische Seltenheit, die nur in sehr geringen Mengen existierte; Mark Oliphant von der *Birmingham University* begann die Möglichkeiten für eine Herstellung in größerem Umfang zu untersuchen.

Alle drei Gruppen dieses Arbeitsgebietes merkten im Laufe ihrer Arbeiten unabhängig voneinander, daß es an Stelle einer gleichmäßigen Verteilung des Urans im Moderator besser wäre, die beiden Komponenten zu trennen. Fermi versuchte es mit dem Aufhängen von etwa 50 Kanistern mit Uranoxid in einem Wasserbad, während die Franzosen umgekehrt Paraffinwachsklumpen in Uranoxid in regelmäßigen Abständen verteilten. Eine derartige Anordnung nennt man ein *Gitter* (Abb. 8). Das war eine bedeutsame Erfindung, die heute in fast allen Reaktoren benutzt wird, aber es ist nicht bekannt, wer sie zuerst hatte.

Der Hauptgrund für die Verwendung der Gitter ist die große Empfindlichkeit von Neutronen gegenüber unproduktiven Einfangprozessen durch das Uran selbst, sofern sie nur teilweise, also noch nicht vollständig abgebremst sind. In den 1939er Experimenten war es deshalb wünschenswert, daß ein vom Uran produziertes Neutron möglichst lange durch den Moderator läuft und dabei vollständig abgebremst wird, bevor es einem anderen Uranatom begegnet. In Fermis Gitteranordnung beispielsweise wird ein Neutron aus einem Urankanister vollständig abgebremst bevor es den nächsten Kanister erreicht.

Den verschiedenen Gruppen begann auch klar zu werden, daß Wasser oder Paraffinwachs ein schlechter Moderator sein könnte, denn die Wasserstoffatome, die sie enthalten, sind zwar ideale Neutronenbremser, aber sie verursachen auch empfindliche Neutronenverluste durch Absorption. Hierauf hatte Plaçzek hingewiesen, als er Fermi und Szilard im Juni 1939 besuchte. Szilard dachte an Graphit als eine mögliche Alternative und schlug einen Abänderungsplan vor, aber Fermi war für den Sommer über fortgegangen und war ohnehin mehr an Höhenstrahlung interessiert. Szilard fehlten die Mittel, seinen Weg allein einzuschlagen, und als Folge davon ergab sich

Entscheidung im Experiment: Gibt es die Kettenreaktion?

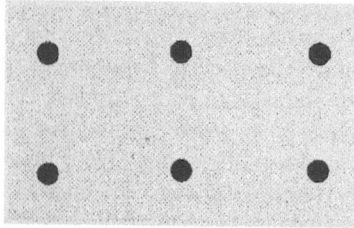

Abb. 8. Gitterartige Anordnung von Brennelementen *(schwarze Punkte)* im Moderator *(graue Fläche).* Zunächst wurden Brocken des Brennmaterials in den Moderator eingebettet. Heute werden die Brennelemente als Stäbe in den Moderator eingeführt. Die grundsätzliche Idee besteht darin, daß die Neutronen nach ihrem Austritt aus einem Brennelement total abgebremst worden sind, bevor sie auf das nächste Brennelement treffen

eine Unterbrechung von etwa neun Monaten, während der niemand in den USA versuchte, eine Kettenreaktion in Gang zu bringen.

Plaçzek brachte seinen Gesichtspunkt auch bei den Franzosen vor, aber sowohl die Briten als auch die Franzosen fuhren fort, mit ihren Uranoxid/Wasser- bzw. Uranoxid/Paraffinwachsanordnungen zu arbeiten. Im August erzielten die Franzosen mithilfe einer fünfzig Zentimeter dicken feuchten Uranoxidkugel im Wasserbad einen bedeutsamen Erfolg. Mit der von ihnen verwendeten Methode brachten sie eine Neutronenquelle in die Mitte der Kugel und bestimmten die Neutronenzahlen im Wasserbad. Aus ihren Ergebnissen konnten sie den Beweis für eine Kettenreaktion erbringen. Die Ketten waren kurz, starben rasch ab und waren weit entfernt von einer verwertbaren Energieproduktion, aber es waren eben dennoch Ketten. Dies war das letzte Vorkriegsexperiment der Franzosen, und ihr Bericht wurde gleicherweise von den Briten und Amerikanern als auch von den Deutschen eingesehen; danach hielten sie ihre Arbeit geheim.

Eine andere bedeutende Arbeit über die Spaltung erschien in jenem August, und zwar von Bohr und Wheeler. Darin werden die Gedanken näher ausgeführt, die Bohr zu der Annahme veranlaßt hatten, daß es eher das Uranisotop ^{235}U als ^{238}U ist, das die Spaltung durch langsame Neutronen erfährt. Die Theorie dieser Arbeit versetzte sie in die Lage vorherzusagen, welche anderen Spezies (Kernarten) durch langsame Neutronen gespalten werden könnten, und zwar einschließlich solcher Spezies, die noch gar nicht entdeckt worden waren. Zu ihnen gehörte das Hauptisotop vom Plutonium, ^{239}Pu. Die Arbeit war deshalb richtungsweisend für eine der wesentlichen Entwicklungen im kommenden Krieg, die Plutoniumbombe, und im freien Schrifttum stand sie jedermann zur Verfügung.

5 Kriegsbeginn:
Die deutschen Wissenschaftler sind führend

Als Hitler im September 1939 mit dem Einfall in Polen den Zweiten Weltkrieg auslöste, war die Aufregung über die Kernspaltung weitgehend erloschen.

In Großbritannien versandeten die Bemühungen von Thomson, denn selbst wenn seine Experimente erfolgreich wären, war nicht klar zu erkennen, ob sie zu neuen Waffensystemen führen würden: andere Verteidigungsaufgaben waren wichtiger. Außerdem waren seine Ergebnisse entmutigend, denn der höchste k-Wert, den er schließlich vorweisen konnte, betrug nur 0,8, lag also weit unter der Schwellenzahl eins. Im selben Herbst zeichnete Chadwick von der Universität Liverpool in einem Übersichtsbericht ein ähnlich düsteres Bild. Er ging davon aus, daß eine Bombe, falls sie überhaupt möglich wäre, aus mindestens einer Tonne Uran bestehen müsse, – und wie könnte so eine Substanzmenge vereinigt werden ohne vorzeitig zu explodieren? Er legte aber großen Wert darauf, daß er in Unkenntnis argumentiere; denn es gäbe zu geringe wissenschaftliche Grundlagen.

In den USA war es Szilard nicht gelungen, das experimentelle Vorhaben an der *Columbia University* am Leben zu erhalten. Frustriert, aber motiviert durch seine Sorge über die Möglichkeit einer Nazi-Atombombe, suchte er nach anderen Wegen, wie man die Amerikaner wachrütteln könnte. Das Ergebnis ist der berühmte Brief von Einstein, in dem er Präsident Roosevelt vor den Kräften und Gefahren nuklearer Kettenreaktionen warnte, den Alexander Sachs, ein Volkswirtschaftler mit einem guten Draht zum Weißen Haus, am 11. Oktober 1939 Roosevelt vorlegte. Roosevelt sagte „Alex, Du willst uns vor der Möglichkeit bewahren, daß uns die Nazis in die Luft sprengen", und dann, „Das ruft nach Aktionen". Er bestellte einen *Uranberatungsausschuß* unter Vorsitz von Lyman J. Briggs, dem Direktor des *National Bureau of Standards*. Der Ausschuß berichtete innerhalb weniger Tage, daß Kernkraft und Kernexplosionen Möglichkeiten darstellen, aber daß sie unbewiesen seien. Damit war ihnen jedoch der Wind aus den Segeln genommen und in den folgenden Monaten ereignete sich nur wenig; nur wenige Amerikaner hatten die Dringlichkeit begriffen.

Die Franzosen hatten ähnlich wie die Briten entschieden, daß die Bombe eine zu weit entfernte Zielvorstellung sei, aber sie trieben ihre Forschung weiter in der Hoffnung auf die Nutzung von Kernenergie. Dabei hatten sie eine

Kriegsbeginn: Die deutschen Wissenschaftler sind führend

Anwendung in U-Booten im Auge, denn Kernenergie benötigt keinen Sauerstoff und setzt U-Boote dadurch in die Lage, beliebig lange untergetaucht zu bleiben; aber sie verfolgten überwiegend friedliche Zwecke. Um die Fortführung ihrer Arbeiten auch in Kriegszeiten sicherzustellen, wandte sich Joliot an die französische Regierung und erreichte die begeisterte Unterstützung von Raoult Dautry, dem Rüstungsminister, der ihm ganz außergewöhnlich vorteilhafte Bedingungen gewährte: Unbegrenzte Finanzierung und die Möglichkeit des Rückrufs benötigter Mitarbeiter von den Streitkräften. Joliot wurde offiziell einberufen, womit seine Vorhaben unter militärische Schirmherrschaft gestellt wurden, aber die Tagesgeschäfte gingen wie üblich weiter, bis zum Einmarsch der Deutschen im darauffolgenden Mai.

Es blieb das vordringliche Ziel dieser Arbeitsgruppe, eine sich selbsterhaltende Kettenreaktion zu erhalten. Im August war es ihnen gelungen, kurze Ketten vorzuführen, und obwohl diese wieder abstarben, gaben ihnen diese Ergebnisse Hoffnung. Ihr Optimismus wurde im folgenden Monat zwar gedämpft, als Kowarski einen theoretischen Irrtum, den sie gemacht hatten, berichtigte und zeigte, daß der k-Wert ihre Anlage wesentlich kleiner als eins war. Das stand natürlich im Einklang damit, daß die Ketten ihre Fortpflanzung abbrachen, machte aber auch deutlich, daß ein Erfolg nicht einfach durch ein größeres Experiment der gleichen Art erreicht werden konnte. Ein weiterer Versuch mit größeren Dimensionen bestätigte dies.

Einen Weg aus diesen Schwierigkeiten hatte Bohr aufgezeigt: Eine Erhöhung des ^{235}U-Isotopenanteils im Verhältnis zum Natururan. Die erforderliche Erhöhung war bescheiden, nämlich korrekt von 0,71% auf 0,85% berechnet worden, und Joliot bestellte eine Anlage zur Isotopentrennung. Er verfolgte diese Richtung jedoch nicht weiter, denn es schien ein zu mühsamer Weg zur Kettenreaktion zu sein.

Ausweichmöglichkeiten waren Änderungsversuche am oben erwähnten Gitteraufbau sowie die Suche nach anderen Moderatoren. Die Franzosen konnten begrenzte Erfolge mit dem Gitter nachweisen, die aber nicht ausreichend waren, so daß sie zu anderen Moderatoren statt Wasser oder Paraffinwachs wechselten.

Zwei Möglichkeiten boten sich an: schweres Wasser sowie Kohlenstoff in Gestalt von Graphit. In Paris und später auch in Hamburg wurde auch Kohlenstoff in Form von festem Kohlendioxid (Trockeneis) ausprobiert. Dies ist eine originelle Idee für die Erzeugung einer Kettenreaktion, denn Trockeneis ist eine sehr reine Form von Kohlenstoff, während Graphit mit starken Neutronenabsorbern verunreinigt sein kann, die alle Ketten abbrechen. Trockeneis wäre jedoch nutzlos für Reaktoren, die wirklich arbeiten und Wärme erzeugen, denn es würde ja Verdampfen. Es gibt noch einige andere Möglichkeiten, wie etwa das seltene Element Beryllium, aber keine, die im Reaktor großtechnisch eingesetzt werden konnten.

Kriegsbeginn: Die deutschen Wissenschaftler sind führend

Tabelle 4. Moderatoren

In Kernreaktoren werden verwendet:
Wasser billig, absorbiert aber relativ viele Neutronen
Schweres Wasser ideal, von den Kosten abgesehen
Graphit gut, erfordert aber viel Sorgfalt bei der Reinigung, um neutronenabsorbierende Verunreinigungen zu entfernen

Für Versuchszwecke wurden verwendet:
Paraffinwachs (diverse gesättigte Kohlenwasserstoffe)
Festes Kohlendioxid (Trockeneis)

Unter den Forschern wählte nur Fermi in Amerika Graphit. Die Briten gaben den Reaktorbau ganz auf. Die Franzosen nahmen irrigerweise an, daß Graphit Neutronen zu stark absorbiere, und daß sie gezwungen wären, schweres Wasser zu wählen, von dem in Norwegen gerade genug für erste Experimente vorhanden zu sein schien. Sie planten, im Frühjahr 1940 schweres Wasser auszuprobieren. Die Deutschen machten den gleichen Fehler wie die Franzosen, wodurch ihnen womöglich die Chance verloren ging, den ersten Reaktor zu bauen, denn sie waren ständig mit einem Mangel an schwerem Wasser geplagt.

Bis hierhin hatte das deutsche Vorhaben hervorragende Fortschritte gemacht. Bei Kriegsausbruch hatte ein Mitarbeiter von Heisenberg an der Universität Leipzig, Erich Bagge, seinen Einberufungsbefehl erhalten und er meldete sich zur Berichterstattung in Berlin mit der Angst, an die Front geschickt zu werden. Zu seiner Erleichterung traf er seinen wissenschaftlichen Kollegen Diebner vom Heereswaffenamt, der ihn beauftragte, bei der Vorbereitung für eine geheime Konferenz über ein zukunftsweisendes Uranprojekt mitzuwirken. Die Konferenz fand am 16. September statt, und viele führende deutsche Kernphysiker nahmen daran teil, einschließlich Hahn, Bothe, Geiger, Harteck, die alle schon in früheren Kapiteln genannt wurden. Dann gab es einige Wochen später eine weitere Zusammenkunft, an der nun auch Heisenberg und sein Schüler Carl Friedrich von Weizäcker teilnahmen. Dieser war ein Mensch mit ganz besonderen Beweggründen. Er hatte Physik nicht so sehr als Selbstzweck studiert, sondern um sich ein Fundament für philosophische Untersuchungen zu schaffen. Jetzt wollte er dem *Uranverein* angehören, denn er sah in der Kernphysik sowohl einen künftigen politischen Spielball als auch eine Möglichkeit, der Einberufung zu entgehen. Er sollte eine wichtige Rolle in den Beziehungen zwischen dem *Verein* und der Regierung spielen.

Zur Zeit der zweiten Konferenz hatte Heisenberg einige wesentliche Aspekte schon klar im Kopf, speziell den Unterschied der Entwicklung von

Kriegsbeginn: Die deutschen Wissenschaftler sind führend

Kernwaffen und von Kernreaktoren. Er sah voraus, daß die ersteren mithilfe der Isolierung des seltenen ^{235}U-Isotops und im Vertrauen auf *schnelle* Neutronenketten zu erreichen seien, aber die letzteren mit Natururan/Moderator Mischungen und *langsamen* Neutronen.

Die Konferenz entwickelte ein staatliches Vorhaben für die Verwertung der Kernspaltung und etablierte eine Zentralstelle für eine kernphysikalische Arbeitsgruppe im Kaiser-Wilhelm-Institut für Physik in Berlin, das für diesen Zweck vom Heer beschlagnahmt wurde. Der ursprüngliche Zweck war die Zusammenführung aller Wissenschaftler zu einem Projekt in Berlin, was aber auf zähen Widerstand stieß, so daß es schließlich fünf teilnehmende Gruppen in verschiedenen Städten gab, die aber oft im Wettstreit miteinander lagen. Trotzdem begann das Projekt mit einem sehr guten Start.

Eine Begleiterscheinung dieser Beschlüsse war der Ersatz des Direktors des Kaiser-Wilhelm-Instituts für Physik, Paul Debye, weil er als Holländer nicht für geheime Arbeiten unter der Zuständigkeit des Heeres dienstverpflichtet werden konnte. Angesichts der Alternative, entweder Naturalisierung oder Rücktritt, entschloß er sich zur Emigration in die USA, wozu er noch die Freiheit hatte, denn Holland war noch nicht im Krieg. Dort konnte er dazu beitragen, die Amerikaner wachzurütteln, indem er ihnen über das in seinem früheren Institut in Berlin eingerichtete Uran-Großprojekt berichtete.

Diebner erkannte seine Chance und zog mit der Rückendeckung durch die Wehrmacht in Debyes Amtszimmer ein. Um ihm entgegenzuwirken, setzten die Physiker am Institut durch, daß Heisenberg als Berater berufen wurde und als solcher mußte er zu regelmäßigen Besuchen von Leipzig nach Berlin kommen. Obwohl Diebner offiziell im Amt blieb, wurde Heisenbergs Rolle im Uranverein wegen seiner wissenschaftlichen Fähigkeiten allmählich dominierend.

Zu Beginn des Projekts hatte Heisenberg die Aufgabe übernommen, einen Bericht über das gesamte Thema zu schreiben, den er am 6. September im Reichskriegsministerium einreichte. Seine Quellen waren hauptsächlich amerikanische, britische und französische Zeitschriften, die genau die Informationen enthielten, die Szilard geheimzuhalten versucht hatte. Dem fügte er seine eigenen Vorstellungen hinzu, was insgesamt den damals denkbar besten Bericht zur Lage ergab. Die Vorstellungen und Begriffe der kritischen Größe, des Neutronenmultiplikationsfaktors, des Moderators aus schwerem Wasser oder Graphit, die Trennung zwischen Uran und Moderator in der Gitteranordnung sowie die Frage nach den Steuer- und Regelmöglichkeiten für den Reaktor, so daß die Kettenreaktion nicht außer Kontrolle gerät, worüber sich schon früher Halban in Frankreich Gedanken gemacht hatte, – alles war in diesem Bericht enthalten.

Kriegsbeginn: Die deutschen Wissenschaftler sind führend

Heisenbergs Bericht wies den Weg in die Zukunft: die Trennung der Uranisotope für die ^{235}U-Bombe sowie Ansätze zur Erzielung einer Kettenreaktion mit langsamen Neutronen im Hinblick auf den Reaktor einschließlich der hierfür erforderlichen kernphysikalischen Messungen.

Über das erstgenannte Problem hatte Harteck bereits mit der Arbeit begonnen. Ursprünglich hatte er vor, mit einigen Gramm für Laborexperimente zu beginnen, aber bald hatten die Deutschen größere Mengen im Sinn. Sie waren also die ersten, die ernsthaft an eine großtechnische Trennung der Uranisotope dachten, also die Idee, mit der die Hiroshima-Bombe von 1945 hergestellt wurde.

Harteck schlug die Verwendung einer kurz davor von seinen Landsleuten Klaus Clusius und Gerhard Dickel entwickelten Methode vor, die mit beachtenswertem Erfolg auf Neon, Chlor und andere gasförmige Elemente angewandt worden war. Das Element wird dabei in ein Rohr eingeführt, dessen vertikale Achse, etwa durch einen heißen Draht, erwärmt wird. Die leichteren Isotope sammeln sich in den wärmeren Regionen und steigen in einer Thermik auf. Währenddessen bewegen sich die schwereren Isotope in die kalte Region am Röhrenrand, an dem sie absinken. Die beiden Isotope bewegen sich also in entgegengesetzte Richtungen, wodurch ihre Trennung bewirkt wird (Abb. 9). Die Methode wird als Thermodiffusion in Gasen bezeichnet.

Um sie auf Uran anzuwenden, benötigte Harteck eine gasförmige Uranverbindung, und Uranhexafluorid erwies sich als der einzig mögliche Kandidat dafür. Dies ist eine unangenehme, ätzende Substanz, deren Moleküle für die fragliche Methode nicht besonders geeignet waren. Harteck und seine Mitarbeiter plagten sich mit ihren Experimenten eine Weile herum, aber als sie Anfang 1941 nur in kleinen Mengen eine geringe Anreicherung erzielt hatten, gaben sie diese Arbeitsrichtung wieder auf, und zwar anscheinend hauptsächlich wegen der Quälerei mit der Zersetzung des Hexafluorids durch die hohen Temperaturen, die im Inneren der Trennungsrohre erforderlich waren. Diese Methode ist auf jeden Fall für Uran nicht effizient.

Das deutsche Projekt zielte jedoch hauptsächlich auf die Realisierung einer Kernkettenreaktion. Unter Heisenbergs Leitung wurde die Aufgabe systematisch in Angriff genommen, und zwar mit der Entwicklung der zugrundeliegenden Theorien und mit soliden kernphysikalischen Zahlenwerten. Hierzu waren die Wissenschaftler teilweise sogar direkt gezwungen, weil sich für größere Experimente der Nachschub verzögerte.

Die von ihnen besonders benötigten Substanzen waren Uran und schweres Wasser. Da die Franzosen die gleichen Ansprüche angemeldet hatten, wurden diese Stoffe zum Gegenstand des Krieges. Die Franzosen hatten dies erkannt und ersuchten die Belgier Anfang 1940, ihre Uranvorräte für den Fall eines deutschen Einmarsches in die USA zu senden. Die *Union Minière*

Kriegsbeginn: Die deutschen Wissenschaftler sind führend

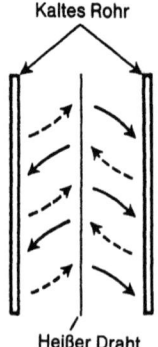

Abb. 9. Das Prinzip der Thermodiffusion
---→ Wege der leichteren Atome - zum warmen Draht und nach oben
——→ Wege der schwereren Atome - zur kalten Wand und nach unten

fertigte sogleich eine größere Sendung ab, aber noch größere Mengen blieben in Belgien und wurden später von den Deutschen requiriert. Sie wurden von der vorzüglichen chemischen Industrie in Deutschland chemisch gereinigt und aufgearbeitet, so daß das deutsche Projekt mitten im Krieg mit Uran besser versorgt war als das amerikanische.

Zu Beginn, vor allem im Frühjahr 1940, war reines Uran in Deutschland jedoch äußerst knapp. In dieser Zeit ging der unermüdliche Harteck seiner schon oben aufgeführten und von den Franzosen auch schon probierten Methode nach, Trockeneis (festes Kohlendioxid) als Moderator zu benutzen. Er wollte feststellen, ob in einem Uranoxid/Trockeneis-System nicht eine Kettenreaktion beobachtet werden könnte. Diese Arbeit mußte beendet sein, bevor das Wetter warm wurde und das Trockeneis zur Lebensmittelkühlung benötigt werden würde, weshalb Harteck einen Dringlichkeitsantrag auf Uranoxid an Diebner richtete. Heisenberg wollte die begrenzten Vorräte jedoch für seine eigenen Experimente zurückgestellt wissen und war für Hartecks Besitzergreifungsstrategie nicht empfänglich. Nach einigen, für ihn quälenden Verzögerungen hatte sich Harteck mit 180 kg Uranoxid abzufinden. Um ein Gitter herzustellen bettete er sie in 15 Tonnen Trockeneis ein und machte Anfang Juni einige Experimente damit, wobei er aber nicht in der Lage war, eine Neutronenvervielfachung nachzuweisen.

Er wußte, daß er durch eine zu geringe Uranzuteilung behindert worden war. Lag das daran, daß die Physiker einen Chemiker nicht als Vollmitglied in ihrem Uranverein anerkannten? Was immer auch der wahre Grund gewesen sein mag, die Konsequenzen waren weitreichend, denn wenn Harteck Erfolg gehabt hätte, wäre klar geworden, daß reiner Kohlenstoff ein befriedi-

Kriegsbeginn: Die deutschen Wissenschaftler sind führend

gender Moderator ist und daß ein Uran/Graphitreaktor gebaut werden kann, wenn das Graphit nur sauber genug ist.

Unterdessen beschäftigten sich die Physiker mit der Messung der Neutronenabsorption in möglichen Moderatormaterialien. Weil durch Heisenbergs Bericht von 1939 gewöhnliches Wasser und Paraffinwachs im Grunde genommen ausgeschieden worden waren, richtete sich die Aufmerksamkeit auf schweres Wasser und Graphit. Ersteres erwies sich als vorzüglich, weil Neutronen kaum absorbiert wurden.

Die Messungen an Graphit wurden Bothe anvertraut, einem äußerst zuverlässigen Experimentator. Seine ersten Ergebnisse waren entmutigend, was seiner Meinung nach aber auf einer zu geringen Reinheit beruhen konnte. Spätere Ergebnisse mit vermeintlich ultra-reinem Kohlenstoff waren aber noch schlechter. Bothes Ansehen war so groß, daß niemand seine Arbeit anzweifelte oder an eine Nachprüfung dachte; im *Uranverein* war auch niemandem bekannt, daß Fermi in Amerika ein viel hoffnungsvolleres Ergebnis erzielt hatte. Offensichtlich hing eine schicksalsschwere Entscheidung von Bothes Arbeit ab, denn sie führte zur Abwendung von Graphit als Moderator und so wurde im Gegensatz zu Amerika der einfachste Weg zum Kernreaktor nicht erkannt. Was mit Bothes Arbeit schiefgelaufen war, ist niemals geklärt worden; man kann nur annehmen, daß die Substanz trotz seiner Vorsicht verunreinigt war. Wenn Harrecks Untersuchungen voll unterstützt worden wären, hätte dieser Schicksalsschlag vermieden werden können.

Nachdem sie das Graphit aufgegeben hatten, verfolgten die Deutschen die Idee des Uran/Schwerwasser-Reaktors. Dafür benötigten sie eine erhebliche Menge schweren Wassers, für dessen Beschaffung es wohl nur einen Ort in der Welt gab, nämlich das zum *Norsk Hydro* gehörige Werk Vemork bei Rjukan in Norwegen, das monatlich etwa 10 kg als Nebenprodukt bei der Herstellung von Ammoniak für Kunstdünger erzeugte. *Norsk Hydro* hatte Verbindungen mit dem großen deutschen Chemiekonzern *IG Farben*, und im Januar 1940 besuchten IG-Vertreter die Norweger mit einem Regierungsauftrag für deren gesamte Schwerwasservorräte sowie dem Ersuchen, die Produktion zu verzehnfachen. Die Norweger waren überrascht, aber die Deutschen blieben die Erklärung schuldig.

Die Franzosen erfuhren von dem deutschen Bedarf an schwerem Wasser durch einen abgefangenen Funkspruch. Es konnte für sie nur eine Erklärung geben: Die Deutschen waren dabei, einen Kernreaktor zu bauen! Weil die Franzosen sich gerade selbst entschlossen hatten, schweres Wasser für ihr eigenes Vorhaben zu verwenden, sandten sie sofort einen Beauftragten nach Norwegen. Der dafür ausgewählte Mann war Jacques Allier, der finanzielle Beziehungen zum *Norsk Hydro* unterhielt und gleichzeitig Geheimagent war. Er informierte die Norweger, daß schweres Wasser für die Franzosen ein wichtiges Kriegshilfsmittel sei, und erhielt den gesamten Vorrat von 185 Kilogramm ohne Entgelt, so daß für die Deutschen nichts zurückblieb. Außerdem bekam er ein Vorkaufsrecht für die zukünftige Produktion.

Als die Deutschen von dem französischen Handstreich erfuhren, gab es für sie nur eine Erklärung: Die Franzosen versuchen, einen Kernreaktor zu bauen! Das schwere Wasser versuchten sie, auf seinem Weg nach Paris abzufangen, aber sie wurden überlistet. Man hatte ihnen vorgespiegelt, daß es in ein Flugzeug nach Amsterdam verladen worden wäre, das ihre Jäger dann zur Landung in Hamburg zwangen, während es tatsächlich an Bord einer danebenstehenden Maschine nach Edinburgh gebracht wurde. Das kostbare, einzigartige Material beendete seine Reise nach Paris am 16. März.

Die Franzosen wollten das schwere Wasser für ähnliche Experimente als Moderator verwenden wies vorher gewöhnliches Wasser aber die Ereignisse kamen ihnen zuvor. Am 16. Mai durchbrachen die Deutschen die französische Front und Dautry wies Joliot an, das schwere Wasser sicherzustellen. Es wurde nach Clermont-Ferrand gebracht, wo Joliot seine Experimente fortsetzen wollte, aber die Deutschen bedrohten bald das ganze Land. Allier machte Joliot am 16. Juni darauf aufmerksam, daß die Lage verzweifelt sei. Man beschloß, daß Halban und Kowarski das schwere Wasser nach England bringen sollten; sie verließen Bordeaux mit der Broompark, einem britischen Schiff, am 18. Juni. Joliot kam auch nach Bordeaux, verpaßte aber seine Kollegen dort und entschied, daß es seine Pflicht wäre, in Frankreich zu bleiben.

Ehe er Paris verließ, hatte Joliot alle Unterlagen bezüglich der Spaltungsforschung verbrannt mit Ausnahme von einigen besonders wichtigen, die er nach Clermont-Ferrand gebracht hatte; das war vergeblich, denn die Deutschen erbeuteten einen Satz seiner Forschungsberichte im französischen Rüstungsministerium.

Dies war nur einer aus einer ganzen Reihe kernphysikalischer Trümpfe, die in schneller Folge in die Hände der Deutschen fielen, als sie in der ersten Hälfte 1940 ein Land nach dem anderen überrannten. Dazu gehörte u.a. das Zyklotron in Kopenhagen, die Schwerwasserfabrik der *Norsk-Hydro,* die großen belgischen Uran-Vorräte und das fast fertiggestellte Zyklotron in Paris. Nur der existierende Schwerwasser-Vorrat war ihnen entgangen, ein Nachteil, der im Hinblick auf die unbeschädigte *Norsk-Hydro* nur eine vorübergehende Schlappe zu sein schien. Mitte des Jahres war Deutschland mit seiner intakten Schwerindustrie bestens in der Lage, sein Kernvorhaben zu entwickeln. Speziell die Zyklotrons füllten eine Lücke, weil die französische Apparatur fertiggestellt worden war, aber von der dänischen Anlage wurde merkwürdigerweise gar kein Gebrauch gemacht.

Bezüglich seiner Organisation, seiner Hilfsmittel und des wissenschaftlichen Könnens war das deutsche Vorhaben zu jener Zeit das stärkste in der Welt, aber bezüglich der Motivation seiner Wissenschaftler war es schwach. Ein deutscher Sieg im Kriege bedeutete einen Nazisieg, eine Aussicht, die manche mit Schrecken und Entsetzen erfüllte, während andere bestenfalls gleichgültig waren. Hahn war ein Antinazi, der sich leise aus den Kriegsanstrengungen heraushielt und akademische Arbeiten über Spaltprodukte ausführte. Gentner, der in Gestapo-Akten wegen *demokratischer Ideale* belastet war, wurde nach Paris geschickt, um das Labor am *Collège de France* zu leiten und das Zyklotron fertigzustellen. Vom Nazistandpunkt aus gesehen war dies ein Fehler, denn er kannte und achtete Joliot aus der Zeit, in der er 1934 mit ihm zusammengearbeitet hatte. Die beiden trafen sofort eine persönliche Vereinbarung, wonach das Insitut soweit als möglich auf Grundlagenforschung und nichtmilitärische Arbeiten begrenzt und Joliots Tätigkeiten in der *Résistance* von Gentner gedeckt wurde.

Heisenberg, von dem das deutsche Projekt abhing, hatte mit den Nazis eine Auseinandersetzung wegen der Relativitätstheorie gehabt. Die Nazis beabsichtigten, die Lehre über die Relativität zu unterbinden, weil Einstein, deren Schöpfer, ein Jude war; dies aber war lächerlich, denn die moderne Physik ist ohne sie gar nicht lehrbar und in der Tat nicht denkbar. Zu seiner Verteidigung schrieb Heisenberg einen Artikel in Hitlers Tageszeitung *Das Schwarze Korps* und wurde zu seinem Leidwesen von einem überzeugten Naziphysiker, Johannes Stark, als *Weißer Jude* denunziert. Himmler, ein Familienfreund, eilte Heisenberg zuhilfe, aber Heisenberg wurde doch noch des öfteren angegriffen. Es ist kaum überraschend, daß er die Rassentheorie der Nazi für eine gefährliche Idiotie hielt.

Das muß seine Einstellung gegenüber dem *Uranverein* beeinflußt haben. Anstatt ihn als Beitrag für die Kriegsanstrengungen zu betrachten, benutzten er und v. Weizsäcker den *Uranverein*, auch im Hinblick auf die Nachkriegszeit dazu, einige der besten jungen Physiker aus der Wehrmacht herauszuholen. Hierzu mußten sie sich auf ein heikles politisches Spiel einlassen. Sie mußten stets die Balance finden zwischen „Eine Atombombe ist möglich" und „Es wird noch eine ziemliche Zeit dauern". Die erste Aussage diente der Sicherung des Fortbestehens des Projekts, die zweite zur Abwehr des Druckes nach Resultaten. Das war kein eigentlicher Schwindel; denn die beiden Aussagen stellten eine Zusammenfassung ihrer eigenen Einschätzung der Situation dar.

Sogar der treu ergebene Nazi Esau empfahl Leisetreten bezüglich der Bombe aus Angst, Hitler könnte sie alle bis zur Fertigstellung hinter Stacheldraht bringen lassen.

Nach Kriegsende machte der *Uranverein* den Umstand geltend, daß sie ihre Anstrengungen auf den Kernreaktor und nicht auf Kernsprengstoffe gerichtet hätten. Tatsächlich gibt es außer am Anfang in ihren Berichten keinen Hinweis auf die Atombombe, und als sie in der Mitte des Kriegs Rechenschaft über ihre Arbeit gegenüber vorgesetzten Behörden leisten sollten, waren keine Unterlagen über Waffen dabei. Dies könnte jedoch eher die

Kriegsbeginn: Die deutschen Wissenschaftler sind führend

Frucht von Pragmatismus als von hohen moralischen Grundsätzen gewesen sein. Falls sich eine Atombombe innerhalb ihrer wissenschaftlichen und technischen Reichweite befunden hätte, so ist es auf gar keinen Fall sicher, daß sie Widerstand gegen deren Entwicklung geleistet hätten.

Auf alliierter Seite erwuchsen derartige Probleme nicht, jedenfalls nicht, bis Deutschland geschlagen war. Die Bosheit der menschlichen Natur schuf Probleme, aber da gab es die allgemeine Entschlossenheit, den Krieg zu gewinnen. Wenn dies die Atombombe nötig machte, dann mußte die Atombombe her.

6 Englands Entscheidung für die Atombombenforschung

Als Halban und Kowarski im Juni 1940 nach der Kapitulation Frankreichs in England ankamen, wurden sie von britischen Wissenschaftlern begierig ausgefragt und gebeten, einen vollständigen Bericht über die französische Kernspaltungsforschung zu schreiben.

In den drei vorangegangenen Monaten hatte sich das britische Projekt recht lebhaft entwickelt. Es hatte schon in seinen letzten Zügen gelegen, war jetzt aber wieder wie ein Phönix aus der Asche aufgestiegen. Der Grund dafür war ein überzeugendes dreiseitiges Memorandum von Frisch und Rudolf Peierls (einem anderen deutsch-jüdischen Flüchtling, bei dem Frisch damals wohnte), in dem sie vorschlugen, eine Bombe aus *nahezu reinem* ^{235}U zu bauen. Es wurde im März 1940 vorgelegt. Zu den hervorstechenden Punkten gehörten:

- Fünf Kilogramm ^{235}U könnten für eine Bombe genügen, die so viel Energie freisetzen könnte wie mehrere tausend Tonnen Dynamit.
- Die Uranisotope könnten in großem Maßstab durch gasförmige Thermodiffusion unter Verwendung von Uranhexafluorid getrennt werden. Einige hunderttausend Trenneinheiten dürften benötigt werden.
- Die bei der Explosion entstehende Radioaktivität würde eine zusätzliche Gefährdung von Menschenleben verursachen.

Das Memorandum bewirkte einen kräftigen Impuls, der sich später über den Atlantik fortpflanzen sollte. Ohne dies Memorandum dürften die amerikanischen Bomben wohl nicht rechtzeitig fertig geworden sein, um den Japanern den letzten Schlag zu versetzen, der das Ende des Krieges bedeutete. Es berührt einen schon seltsam, daß nur weniges aus diesem Dokument Heisenberg und seine Kollegen als Neuigkeit überrascht hätte. Sie dachten auch an eine ^{235}U-Bombe, die auf schnellen Neutronen basierte, und Harteck hatte schon seit einigen Monaten an der Uranisotopentrennung mit eben der Methode gearbeitet, die nun von Frisch und Peierls verfochten wurde. Der Unterschied bestand im Stil des Vorgehens.

Während Heisenberg in seinem Bericht an das Reichskriegsministerium den naturwissenschaftlichen Bereich umfassend ausgebreitet hatte, war Frisch und Peierls Memorandum in geschäftsmäßiger Manier auf ein genau abgegrenztes Ziel gerichtet.

Englands Entscheidung für die Atombombenforschung

Frisch und Peierls Vorstellungen bedeuteten für das britische Projekt eine vollständige Umkehr in der Richtung. Die entmutigenden Versuche zum Reaktorbau konnten außer acht gelassen und die Anstrengungen auf die Trennung der Uranisotope sowie die Konstruktion der Bombe gerichtet werden. Die Entscheidung wurde nicht mehr durch die Angst belastet, daß eine unmöglich große Menge ^{235}U benötigt würde, oder daß die Isotopentrennung in der Praxis ganz undurchführbar wäre.

Im April 1940 gab es einen weiteren Ansporn durch einen Besuch von Allier, der nicht nur über französische Fortschritte berichtete, sondern auch über das unheilverkündende deutsche Interesse an schwerem Wasser.

Bald darauf entstand ein gut vorankommender Arbeitsplan unter einem tatkräftigen Ausschuß mit Thomson als Vorsitzenden sowie Chadwick, Cockcroft und anderen hervorragenden Wissenschaftlern als Mitglieder. Er führte den eigenartigen Namen *MAUD Committee*. Dieser Name ergab sich aus einem Telegramm von Meitner aus Schweden als Dänemark überrollt wurde und das mit den Worten endete „Tell Cockcroft and Maud Ray Kent". Cockcroft wußte nicht, daß eine in Kent lebende Maud Ray früher Kindermädchen bei den Bohrs war und dachte an eine Verschlüsselung von *radyum taken*, was die Beschlagnahme der Kopenhagener Radiumvorräte durch die Nazis bedeutet hätte. Dieses Wort kam ihm in den Sinn, als gleich nach der Gründung ein unverfänglicher Name für den Ausschuß gesucht wurde. Erfinderischer Scharfsinn machte daraus später die fiktive Auslegung „*M*ilitary *A*pplication of *U*ranium *D*etonation" (*M*ilitärische *A*nwendung der *U*ran *D*etonation).

Das *MAUD-Committee* hielt am 10. April 1940 seine erste Sitzung ab und entwickelte rasch einen theoretisch und experimentell wohlausgewogenen Arbeitsplan. An den Universitäten Birmingham, Cambridge, Liverpool und Oxford gab es insgesamt vier Arbeitsgruppen. Frisch schloß sich Chadwick in Liverpool an, um mit dem Zyklotron der Universität Kerneigenschaften von grundlegender Bedeutung zu messen, ähnlich grundlegende Untersuchungen wurden in Cambridge durchgeführt. In Birmingham setzte Peierls seine Arbeiten über Probleme der ^{235}U-Bombe fort. In Oxford entwickelte ein anderer Flüchtling, Francis Simon, seine Vorstellungen über eine Isotopen-Trennungsanlage. Von William Haworth, einem Chemiker in Birmingham, wurden Methoden zur Herstellung von metallischem Uran und von Uranhexafluorid entwickelt. Auch die Firmen Imperial Chemical Industries (ICI) und Metropolitan Vickers wurden hinzugezogen.

In dieser Situation warf die Ankunft von Halban und Kowarski ein gewisses Problem auf. Sie wollten natürlich mit ihrem wertvollen schweren Wasser die Arbeit fortsetzen, die sie in Frankreich aufgegeben hatten, was aber bezüglich des wieder zum Leben erweckten britischen Projekts nicht von Belang zu sein schien und Diskussionen darüber auslöste, ob man sie denn jetzt in Kriegszeiten unterstützen könne. Nichtsdestoweniger wurden sie in Cambridge im *Cavendish Laboratory* untergebracht.

Hier bauten sie eine große Aluminiumkugel und füllten sie mit einer Uranoxidsuspension in schwerem Wasser. Zur Gewährleistung guter Durchmischung konnte die Kugel gedreht werden. Ähnlich ihren früheren Arbeiten installierten sie in der Mitte der Kugel eine Neutronenquelle und führten dann Neutronenintensitätsmessungen an verschiedenen Stellen durch. Am 16. Dezember 1940 erzielten sie einen k-Wert von 1,06. Wenn dieser Wert zutraf, implizierte er die Möglichkeit einer sich selbst erhaltenden Kettenreaktion, womit Halban und Kowarski erstmals in der Welt eine solche Möglichkeit nachgewiesen hätten. Viele waren jedoch der Ansicht, daß der Beweis nicht schlüssig wäre; denn die Messungen enthielten eine zu große Unsicherheit.

Um die Frage endgültig zu klären, hätte man logischerweise eine größere Kugel mit einer größeren Füllmenge an Uran und schwerem Wasser bauen müssen, aber der Weg zu diesen Experimenten blieb verschlossen, weil keine Hoffnung auf weiteres schweres Wasser bestand. Deshalb wollten sie zum Graphit als Moderator wechseln, was aber am Widerstand der Regierung scheiterte, die nicht Willens war, die für die tonnenweise Herstellung von ultrareinem Graphit erforderlichen Ressourcen bereitzustellen; außerdem war Fermi in den USA auf diesem Gebiet wieder aktiv geworden, so daß man ihm diese Arbeit überlassen könnte.

Halban gab nicht auf. Ein Kollege meinte, daß er nach wie vor das einzige Ziel vor Augen habe, der Chef des Teams zu sein, das die erste überkritische Kettenreaktion schuf. Nach langwierigen Verhandlungen wurde vereinbart, daß diese Gruppe vom *Cavendish* nach Montréal in Kanada umziehen sollte, um dort ihre Bemühungen fortzusetzen, was aber erst Anfang 1943 stattfand, und noch bevor sie dort anfangen konnten, hatte Fermis Team den Wettlauf gewonnen. Es blieb zwar noch die Hoffnung, den ersten Schwerwasserreaktor zu bauen, aber auch diese Hoffnung wurde zunichte, als die USA die Zusammenarbeit beendeten. Trotz dieser Enttäuschung sollte das Labor in Montréal für Kanada, Großbritannien und Frankreich bei der Entwicklung von Nachkriegsprojekten schließlich doch noch eine wichtige Rolle spielen.

Obwohl der Arbeit von Halban und Kowarski vom *MAUD-Committee* zunächst nur eine zweifelhafte Bedeutung beigemessen wurde, erschien sie doch sehr bald auf Grund einer Entdeckung, über die in den USA gerade während ihrer Ankunft in England berichtet wurde, unter neuen Aspekten. Die bezügliche Entdeckung stammte von Edwin M. McMillan und Philip H. Abelson, die an der *University of California in Berkeley* (auf der anderen Seite der Bucht von San Francisco) arbeiteten.

Im Juni 1940 teilten sie in einer Zuschrift an die *Physical Review* die Entdeckung von Neptunium mit, einem neuen chemischen Element, das sie unter den Reaktionsprodukten beim Neutronenbeschuß von Uran fanden. Fast alle anderen auf diesem Wege produzierten Substanzen hatten sich ja als Spaltprodukte erwiesen, obwohl Fermi und andere sie irrtümlich für Transuranelemente hielten, also Elemente jenseits des Uran, das bis dahin die Reihe der bekannten Elemente abschloß. Jetzt war zum ersten Mal ein wirkliches Transuranelement nachgewiesen worden. Ungefähr ein Dutzend weiterer Elemente sollten in den folgenden Jahren entdeckt werden, und viele davon wieder in Berkeley.

Aus den Eigenschaften des Kerns dieses Neptunium-Isotopes, das sie identifiziert und mit dem Symbol ^{239}Np gekennzeichnet hatten, schlossen McMillan und Abelson, daß es in das nächste Transuranelement zerfallen müsse, das wir jetzt Plutonium nennen, das von ihnen aber nicht festgestellt werden konnte. In ihrem Artikel nahmen sie als Grund hierfür an, daß das betreffende Plutonium-Isotop ^{239}Pu sehr langlebig sei; dann würde es wesentlich weniger radioaktiv sein als viele der sonst noch vorhandenen Elemente, wodurch es entsprechend schwerer nachzuweisen wäre. Mit dieser Annahme hatten sie recht; die Halbwertzeit von ^{239}Pu beträgt 24 390 Jahre, d.h. nur die Hälfte dieser Kerne erfährt während dieser Zeit einen radioaktiven Zerfall.

Jeder qualifizierte Kernphysiker, der die Arbeit über Kernspaltung von Bohr und Wheeler aus dem Jahr 1939 kannte, vermochte jetzt die Eignung von ^{239}Pu als Material für die Bombe zu erkennen. Chadwick sorgte für einen offiziellen Protest an die USA wegen der Publikation von derart suggestivem Informationsmaterial.

In Cambridge wagte es Egon Bretscher, ein schweizerisches Mitglied des MAUD-Teams, die Entdeckung von McMillan und Abelson weiterzuverfolgen. Mit der Absicht, den Zerfall von Neptunium in Plutonium zu bestimmen, erfand er eine Methode zur chemischen Trennung des Neptuniums vom bestrahlten Uran. Dies verdeutlicht einen sehr wichtigen Vorteil von ^{239}Pu gegenüber ^{235}U: Die Abtrennung beruht auf der Separierung zweier chemischer Elemente, also nicht von zwei verschiedenen Isotopen und gehört zu den alltäglichen Aufgaben des Chemikers. Für einen sinnvollen Einsatz war aber die Bretscher zur Verfügung stehende Neutronenquelle zu schwach.

Ein anderer, der die Arbeit von McMillan und Abelson las, war Weizsäcker in Deutschland. Offenbar amüsierte es ihn in der Kriegszeit, Mitreisende in der Berliner U-Bahn mit seinem Studium englischsprachiger Publikationen zu schockieren. Noch bevor er jene Arbeit kannte, hatte er schon über ^{239}Np als möglichen Kernsprengstoff nachgedacht und er hatte auch die Vorstellung, daß damit eine Isotopentrennung umgangen werden könnte. Nun wandte er seine Überlegungen dem ^{239}Pu zu. Die amerikanische Nachricht gab ihm also einen nützlichen Hinweis an die Hand, aber die Deutschen waren niemals in der Lage, ihn auszunutzen.

Englands Entscheidung für die Atombombenforschung

Dies waren erste Zeichen für die Plutoniumalternative. Heute ist Plutonium der Sprengstoff für alle Spaltungsbomben, und seine Anwendung wurde von den Amerikanern für die Nagasaki-Bombe entwickelt. Um Plutonium in größerem Umfang herzustellen, bedarf es eines Reaktors von dem Typ, den Halban und Kowarski herzustellen versuchten. Die Existenz dieses Elementes war 1940 aber noch nicht bewiesen und seine Eigenschaften folglich nicht bekannt, so daß ^{235}U in den britischen Vorstellungen weiterhin an erster Stelle stand.

Trotz der Abschweifungen aus dem ursprünglichen Rahmen in Cambridge war der Arbeitsplan von MAUD im großen und ganzen festgefügt und gut gegliedert. Das Ziel war begrenzt und klar formuliert: Festzustellen, ob während des stattfindenden Krieges eine Atombombe produziert werden könnte. Die bezüglichen Ressourcen waren klein; an jeder Universität war nur eine Hand voll Leute, und ihr Aufwand war winzig. Jede Gruppe hatte ihre Aufgabe zu erfüllen und verstand es, sich ohne Überschneidungen in das Gesamtvorhaben einzupassen. In vielen Fällen kannten sich die Leute von früher, blieben in Tuchfühlung und richteten sich (ähnlich wie in Friedenszeiten) wechselseitig nach ihren Fortschritten.

Zu einem großen Teil waren es Flüchtlinge, wie Frisch, Peierls und Simon, und zwar entweder Ausländer oder naturalisierte britische Staatsbürger. Ein Grund für die Anstellung geflüchteter Wissenschaftler war einfach der, daß fast alle in Großbritannien geborenen Wissenschaftler mit anderen Kriegs-Aufgaben befaßt waren. Dies bedeutete kein Sicherheitsrisiko; im Gegenteil, die Flüchtlinge bildeten mit ihrem Entschluß, den Nazis zuvorzukommen, eine starke treibende Kraft. Später schrieb Thomson: „Es bleibt anzumerken, und hoffentlich werden es sich künftige Diktatoren merken, welche beherrschende Rolle die Physiker, die vor dem Nazismus und Faschismus geflohen waren, spielten."

Der beachtliche Erfolg des *MAUD-Committee*, das während seines 15monatigen Bestehens trotz des Blitzkrieges, der Invasionsdrohung und der anderweitigen gewichtigen Verpflichtungen seiner leitenden Mitglieder erzielt wurden, dürften der Geschlossenheit zu danken sein, die durch das gleichgesinnte Verfolgen eines wohldefinierten Zieles erzeugt wurde. Jeder einzelne verspürte, daß die Arbeit getan werden mußte; in einem Land, das gegen eine Tyrannei ums Überleben kämpfte, waren Bedenken aus ethischen Beweggründen belanglos.

Das *MAUD-Committee* erarbeitete letztendlich zwei Berichte, die am 29. Juli 1941 an das *Ministry of Aircraft Production* gingen:

- die Verwendung von Uran für die Bombe,
- die Verwendung von Uran als Energiequelle.

Englands Entscheidung für die Atombombenforschung

Der erste Bericht war der wichtigere. Nach einem einleitenden Satz beginnt er mit den Worten:

„Wir möchten hervorheben, daß wir in das Projekt eher mit Skepsis als Zuversicht eingestiegen sind, obwohl wir begriffen, daß die Angelegenheit untersucht werden mußte. Je weiter wir vorankamen, umso mehr waren wir überzeugt, daß die Freisetzung von Atomenergie in großem Maßstab möglich ist und daß Bedingungen gewählt werden können, die sie zu einem schlagkräftigen Waffensystem machen würden. Jetzt sind wir zu dem Schluß gekommen, daß es möglich sein wird, eine einsatzfähige Uranbombe herzustellen, die bezüglich ihrer zerstörerischen Wirkung 1800 Tonnen TNT gleichkäme, wenn sie etwa 11–12 kg aktive Substanz enthält, und außerdem große Mengen radioaktiver Substanzen freisetzen würde, die die Umgebung der Stelle, wo die Bombe explodierte, auf lange Zeiten für das menschliche Leben gefährlich machen würde."

Der Bericht kommt dann weiter zu der Aussage, daß das Material zur Herstellung von drei Bomben monatlich in einer £ 5 000 000 Anlage (für die Uranisotopentrennung) hergestellt werden und die erste Bombe etwa Ende 1943 fertig sein könne.

Diese quantitativen Feststellungen werden im weiteren Verlauf des Berichtes durch detaillierte Informationen erhärtet. Er enthält Abschnitte über die der Bombe zugrunde liegenden Prinzipien und über die Eigenschaften von ^{235}U, die sie möglich machen, sowie über die Zerstörungen, die die Bombe sowohl durch die Explosion als auch durch die radioaktive Verseuchung verursachen würde, über die Methode der Uranisotopentrennung und über die für diesen Zweck benötigte Fabrik, und schließlich über die Herstellung von Uranhexafluorid für die Isotopentrennungsanlage.

Die für eine sich selbst erhaltende Kettenraktion berechnete Mindestmenge an ^{235}U lag zwischen 5 und 43 kg je nach den angenommenen Neutronenerzeugungs- und Verlustraten. Einerseits könnte auch die doppelte Menge erforderlich sein, um eine wirkungsvolle Explosion zu erzielen, andererseits könnte die erforderliche Menge mithilfe eines Reflektors erheblich reduziert werden, etwa durch einen dicken Stahlmantel, der einen Teil der austretenden Neutronen in das Uran zurückreflektieren würde.

Unter Berücksichtigung aller dieser Umstände gelangte der MAUD-Bericht zu einer Menge von 10 kg pro Bombe als erster Diskussionsgrundlage. Diese müßte in 2 unterkritische Teilmassen von je 5 kg aufgeteilt werden, die je für sich für eine Explosion zu klein wären, sie aber ausführen würden, wenn sie zusammengebracht werden. Für die vereinigte überkritische Menge wurde dann eine spontane Explosion angenommen, weil immer Neutronen da sind, die die Kettenreaktion auslösen können. Um ein bloßes Verpuffen zu vermeiden, müssen die beiden Teilmassen sehr rasch zusam-

Englands Entscheidung für die Atombombenforschung

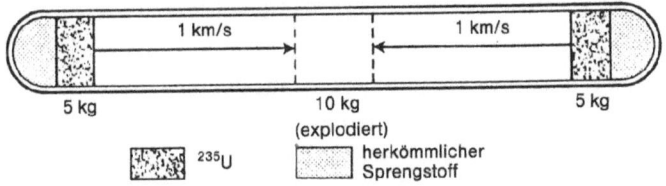

Abb. 10. Das Konzept für eine Atombombe in dem MAUD-Bericht. Mithilfe herkömmlicher Sprengstoffe werden die beiden Stücke aus ^{235}U im Inneren eines beidseitig geschlossenen Kanonenrohres aufeinander geschossen. In der Hiroshima-Bombe blieb der eine, größere Klotz an seinem Platz und der zweite, kleinere Klotz wurde gegen ihn geschossen, so daß in etwa eine ^{235}U-Kugel entstand

mengebracht werden, wofür der Bericht ein Aufeinanderzuschießen aus den beiden gegenüberliegenden Enden eines Kanonenrohres vorschlägt, und zwar mit einer relativen Stoßgeschwindigkeit von etwa 2 km pro Sekunde. Unter der Annahme, daß mithilfe dieser *Kanonenrohrmethode* etwa 2% des Urans an der Explosion teilhaben, sollte die gleiche Zerstörung wie die von 1800 Tonnen Trinitrotoluol (TNT) verursacht werden (vgl. Abb. 10).

Von Interesse ist ein Vergleich dieser ersten Abschätzungen mit der Hiroshima-Bombe, bei der mit der Kanonenrohrmethode 60 kg ^{235}U mit einer Ausbeute von 1% detonierten.

Im MAUD-Bericht wurde auch der Umstand erwähnt, daß ^{235}U selbst eine schwache Neutronenquelle ist, so daß eine vorzeitige Explosion ausgelöst werden könnte. Diese Neutronen entstehen bei der gelegentlichen spontanen Spaltung des ^{235}U-Kerns. Diese Eigenart macht eine rasche Vereinigung der Teilmassen noch zwingender notwendig.

Für die Trennung der Uranisotope wurde die Diffusion von gasförmigem Uranhexaflourid durch sehr fein gewirkte Gaze, die man auch als Membranen oder poröse Trennwände bezeichnet, vorgeschlagen. Diese Methode hat eine lange Vorgeschichte. Die Grundlagen stammen von Lord Rayleigh aus dem Jahr 1896 und die allererste Isotopentrennung wurde damit von Aston an den Neonisotopen im Jahr 1913 ausgeführt. Aston erreichte zwar nur eine geringe Trennung, aber andere Forscher, besonders Gustav Hertz verwendeten sie 1920 mit bemerkenswertem Erfolg.

Die grundlegende Tatsache ist einfach: die leichteren Isotope können die Membran etwas schneller durchdringen als die schwereren. Wenn also Uranhexaflourid eine Membran passiert, so ist beim hindurchgetretenen Gas das leichtere ^{235}U-Isotope etwas angereichert, und im zurückbleibenden ist es abgereichert. Für einen einzelnen Durchgang ist der Trennungsgrad sehr gering, so daß dieser Vorgang mithilfe einer großen Anzahl von Membranen mehrfach wiederholt werden muß.

Englands Entscheidung für die Atombombenforschung

Diese Methode war von Frisch und Peierls ausgewählt worden als ein Ergebnis vergleichender Untersuchungen von Entwürfen für großtechnische Anlagen mit verschiedenartigen Trennmethoden. Aus mehreren Gründen verzichteten sie dabei auf ihren ursprünglichen Vorschlag der Thermodiffusion von Gasen: Diese war zu langsam, hatte einen hohen Stromverbrauch, benötigte hohe Temperaturen, die zur Zersetzung des Uranhexafluorids führen könnten (was in der Tat von den Deutschen entdeckt worden war) und die Erfahrungen aus dem Labor waren entmutigend. Auch das Zentrifugieren (ähnlich der Funktionsweise einer Milchentrahmungsschleuder) lehnten sie wegen der hohen feinmechanischen Anforderungen ab, obwohl sie es im Prinzip für erfolgversprechend hielten.

Obwohl die der Membrandiffusion zugrundeliegenden Ideen im Prinzip einfach sind, so ist eine genauere Ausarbeitung für eine großtechnische Anlage doch kompliziert. Diese Aufgabe war von Simon und seinen Mitarbeitern in Oxford mit großem Geschick angegangen worden. Eine kurze Darstellung ihrer Arbeit erschien als Anhang zu einem der MAUD-Berichte.

Die MAUD-Berichte verschwanden im Regierungsapparat, obwohl einige ihrer Autoren gern gewußt hätten, wie es weitergehen sollte. Tatsächlich waren die Berichte Gegenstand einer intensiven Diskussion. Die Aussichten für den Erfolgsfall waren enorm; aber würden die Erfolgschancen die Investition der erforderlichen nationalen Ressourcen in Kriegszeiten rechtfertigen? Hinsichtlich der Kernenergie war die Antwort eindeutig negativ. Bezüglich der Bombe kristallisierten sich zwei Punkte heraus: Erstens erschien der Bericht zu optimistisch, so daß seine Annahmen einer Absicherung bedurften, und zweitens könnten Kanada oder die USA für die Ansiedelung einer Trennanlage für Uranisotope besser geeignet sein als Großbritannien. Für den zweiten Punkt war die Verwundbarkeit der Fabrik durch Luftangriffe ein gewichtiger Umstand, denn die Fabrikationsanlage würde sich über mehrere Hektar erstrecken, sehr viel Strom verbrauchen und längere Zeit ununterbrochen arbeiten müssen.

Das *MAUD-Committee* bestand nur aus Akademikern, so daß für die nächste Phase auch Leute aus der Industrie zugezogen werden sollten. Ein neues Organ mit dem wiederum unverfänglichen Namen *Directorate of Tube Alloys* (Direktorium für Rohrlegierungen) wurde gegründet. Es wurde im *Department of Scientific and Industrial Research* angesiedelt und Wallace Akers von ICI wurde mit der Leitung betraut. Einige andere Leute von ICI kamen noch dazu. Einige Mitglieder des *MAUD-Committee* wurden zu Mitgliedern des *Tube Alloys Technical Committee* ernannt (Chadwick, Simon, Halban, Peierls), während andere monatelang im Unsicheren gelassen wurden. Oliphant war über diese Reorganisation empört: „Ich kann überhaupt keinen Grund dafür erkennen, warum die Leute, denen für diese Arbeit Verantwortung übertragen wird, Vertreter der Wirtschaft sein sollen, die die unentbehrliche Kernphysik, auf der die ganze Angelegenheit beruht, gar nicht kennen." In den USA sollte es ähnliche, aus dem Herzen kommende Aufschreie geben als das Unvermeidliche geschah und ganze Heerscharen aus dem Militär und der Industrie die Geschäfte übernahmen. Glücklicherweise hatte Akers die richtigen Eigenschaften und Fähigkeiten, so daß die Wissenschaftler von *Tube Alloys* allmählich gewonnen werden konnten.[1]

---

[1] Anm. d. Übers.: Anfang Februar 1988 wurde durch den britischen Fernsehsender *Channel Four* bekannt, daß Churchill 1941 mit Roosevelts Sonderbeauftragten Harry Hopkins und mit seinem Schottland-Minister Johnston eine Forschungsstelle für die Anreicherung von schwerem Wasser für die Herstellung von Atombomben als Geheimprojekt an einem entlegenen Platz in Schottland ausgehandelt hatte, wofür ihm das britische Parlament 30 Mio. Pfund bewilligt habe. Dennoch brachten die Briten ihre erste Atombombe erst im Oktober 1952 zur Explosion.

7 Amerika beginnt den Wettlauf um die erste Atombombe

Mitte 1941 gingen die *MAUD-Berichte* in die USA und der Brennpunkt des Geschehens verschob sich über den Atlantik, obwohl auch in Großbritannien weitergearbeitet wurde.

Die amerikanischen Besorgnisse waren im Frühjahr 1940 durch bruchstückhafte Nachrichten aus Großbritannien, Frankreich und Deutschland wiedererweckt worden. Eine Folge davon war, daß das *Advisory Committee on Uranium* (Uranberatungsausschuß) von Briggs den weiteren Arbeiten zum Uran/Graphitsystem vorsichtige Unterstützung gewährte und daß im Mai dieses Jahres Fermi und Szilard über erfolgversprechend niedrige Werte für die Absorption von Neutronen durch Graphit berichten konnten. Dies war der Anfang eines Programms mit dem Ziel, den ersten künstlichen Atomreaktor der Welt zu bauen.

Das Arbeitstempo war in gewissem Maße durch die zur Verfügung stehenden Materialien und deren Reinheit vorgeschrieben. Einige Verunreinigungen wie etwa Bor absorbieren Neutronen so stark, daß sie nur bis zu einer Grenze von einigen ppm (Teilchenzahl pro Million) toleriert werden können. Für eine sich selbst tragende Kettenreaktion standen anfangs weder Uran noch Graphit in ausreichender Quantität und Qualität zur Verfügung, so daß sich Fermi und seine Mitarbeiter auf kleine Experimente zur Erfassung der Ausgangsdaten ihrer Substanzen konzentrierten. Arbeiten in großem Maßstab mußten über ein Jahr lang warten.

Die Neptuniumentdeckung in Berkeley verursachte sofort eine zweite Forschungsrichtung, die Untersuchung des Plutoniums. Sie wurde von Glenn T. Seaborg im Dezember 1940 mithilfe des leistungsstarken Zyklotrons in Berkeley aufgenommen. Die Plutoniummengen, die er mit diesem Instrument erzeugen konnte, waren jedoch minimal, meßbar in micro-Gramm (millionstel Teil eines Gramms), verglichen mit den heute existierenden Tonnen. Zur Identifizierung und Untersuchung des Plutoniums mußten er und sein Team sich hochempfindlicher radiochemischer Methoden bedienen, wie sie 30 Jahre zuvor von Hevesy in Rutherfords Labor entwickelt worden waren. Die Entdeckung des neuen Elements wurde im Januar 1941 bekanntgegeben, im Mai darauf erfolgte die Nachricht, daß es ähnlich wie Uran ohne weiteres zur Kernspaltung veranlaßt werden kann.

Amerika beginnt den Wettlauf um die erste Atombombe

Ein weiteres Stimulans für den amerikanischen Denkprozeß war die Trennung kleiner Mengen der Uranisotope im Massenspektrometer und der Nachweis, daß das für die Kernspaltung durch langsame Neutronen verantwortliche Isotop tatsächlich das von Bohr vermutete ^{235}U sei. Ein Ergebnis, das von John R. Dunning, einem Kollegen von Fermi an der *Columbia University* stammte und bei einer Versammlung der *American Physical Society* im April 1940 lebhaftes Interesse fand. Es führte vor allem an verschiedenen Universitäten zu verstärkten Anstrengungen, die Uranisotope in größerem Maßstab zu trennen. Diese Arbeiten wurden unabhängig von denen in Großbritannien ausgeführt, wobei sich Dunning in seiner Zusammenarbeit mit Urey auf dem gleichen Gleis bewegte wie das *MAUD-Committee*. Sie folgten den Briten sowohl im Aufnehmen der Gasdiffusionsmethode mit Membranen als auch im Ablehnen der Thermodiffusion in Gasen.

In dieser Entwicklungsstufe maßen die Amerikaner der Zentrifugierung jedoch eine sehr viel größere Bedeutung bei. An der *University of Virginia* hatte Jesse W. Beams sie erfolgreich auf Chlor angewandt und versuchte nun, die Methode auch auf Uran auszudehnen. Auch von Abelson, einem der Neptunium-Entdecker, gab es eine neue Methode mit der Idee, die Thermodiffusion in flüssigem statt in gasförmigem Uranhexafluorid auszuführen; dies verbesserte die Ausbeute erheblich, aber doch bei weitem nicht so sehr wie die Membran-Diffusion. Gegen Ende 1941 wurde jedoch eine andere neue Methode, die der elektromagnetischen Isotopentrennung eingeführt, die weiter unten beschrieben werden wird.

Alle diese Arbeiten von Fermi, Seaborg, Dunning und Beams gerieten in den Bereich des *Briggs Committee*, nur nicht die von Abelson. In Briggs Aufgabenkatalog stand noch ein weiterer Punkt: Die Herstellung von schwerem Wasser als einem alternativen Moderator für den Fall, daß Fermis Graphit sich als Fehlschlag erwies. Was eine große Freude für Urey, den Entdecker des schweren Wassers war und was durch Nachrichten aus Großbritannien über die Uran/Schwerwasserexperimente von Halban und Kowarski inspiriert worden war.

Bis dahin kam das amerikanische Kernprojekt weitgehend durch den Geist wissenschaftlicher Neugier und persönlicher Initiative voran, wie es für Universitäten typisch ist, und es wurde gleichermaßen vom Hörensagen wie von Briggs Beirat gelenkt. Bis zu einem gewissen Punkt war diese Zufallsmethode erfolgreich. Die oben besprochenen Vorgehensweisen erwiesen sich als die wesentlichen Elemente, die man für die Entwicklung einer großtechnischen Produktion der beiden wichtigsten Kernsprengstoffe ^{235}U und ^{239}Pu benötigte. Die Uranisotopentrennung lieferte den einen Sprengstoff, während der andere in Reaktoren von der Art, wie Fermi sie zu bauen versuchte, erzeugt und mit Methoden, die auf Seaborgs chemischen Untersuchungen basierten, isoliert werden sollte.

Amerika beginnt den Wettlauf um die erste Atombombe

Trotzdem wuchs die Meinung, daß mehr getan werden müßte. Kernphysiker wollten wissen, warum sie nicht in die offiziellen Programme aufgenommen waren. Die schon Aufgenommenen verloren die Geduld wegen der zögerlichen Bereitstellung von Mitteln. Vannevar Bush, der Präsident des *Carnegie Institute,* einer privaten Forschungs-Einrichtung, gehörte zu den Unzufriedenen. Er war ein erfindungsreicher Elektrotechniker und ein glühender Patriot und stolz auf das sittliche Erbe seines Landes, das nun von Nazismus und Faschismus bedroht wurde. Obwohl sich die USA noch im Frieden befanden, begann er, sich für eine Mobilisierung der amerikanischen Wissenschaften für den Krieg zu engagieren und brachte Präsident Roosevelt dazu, ein *National Defense Research Council* (Nationaler Verteidigungsrat) mit ihm selbst als Vorsitzenden zu bilden. Mit dem Chemiker James B. Conant, der Präsident von *Harvard* geworden war, war er eng verbunden.

Im April 1941 bat Bush die *National Academy of Science* um eine Überprüfung des gesamten Kernprojekts. Den Vorsitz in dieser Gutachtergruppe führte Arthur H. Compton, der für seine kernphysikalischen Entdeckungen den Nobelpreis bekommen hatte. Eines besonderen Anstoßes bedurfte es für ihn nicht, denn wegen der offensichtlich langsamen Fortschritte hatte er sich schon selbst Sorgen gemacht.

Auch Lawrence, der Erfinder des Zyklotrons, wollte die Dinge in Schwung bringen. In seinem Labor in Berkeley waren ja mithilfe eines seiner Instrumente kurz zuvor Neptunium und Plutonium entdeckt worden, so daß er natürlich sehr engagiert war. Angesichts der sich verdüsternden Kriegslage und der Widerspenstigkeit unter den Kernphysikern drängte er auf öffentliche Taten und spielte auch mit dem Gedanken, sein kleineres teilweise überflüssiges Zyklotron in eine Art überdimensionalen Massenspektrographen umzuwandeln, also in einen Apparat, wie ihn Aston für die Isotopentrennung im Kleinstmaßstab erfunden hatte.

Im Juni machte Bush einen weiteren Schritt, als er mit Ermächtigung des Präsidenten ein mit ständigen Mitarbeitern ausgestattetes und ihm unterstelltes Amt für die Koordinierung der militärischen Forschung gründete. Briggs Beirat wurde mit der Kurzbezeichnung *S-1* dem neuen *Office of Scientific Research and Development* von Conant unterstellt.

Mitten unter diesen Umstrukturierungsarbeiten, die die Dinge in Schwung bringen sollten, fiel Bush und Conant im Juli 1941 der Entwurf für die MAUD-Berichte in den Schoß. Das hätte zeitlich gar nicht besser zusammentreffen können. Sie waren die überzeugenden Memoranden, die festen Boden unter die Füße brachten, den die Amerikaner brauchten. Die offizielle Darstellung der *US Atomic Energy Commission* beschreibt den Juli 1941 als den Wendepunkt in der Entwicklung der amerikanischen Bemühungen um die Atomenergie, wobei unter den Nachrichten aus Großbritannien insbesondere die MAUD-Berichte der wichtigste Faktor bei der *Verwirklichung eines neuen*

Amerika beginnt den Wettlauf um die erste Atombombe

Ansatzes waren. Ein anderer amtlicher amerikanischer Bericht spricht von einem *Gefühl für die Dringlichkeit*, das der Meinungsaustausch mit den Briten ausgelöst hatte.

Das folgerichtige Ergebnis hätte ein gemeinschaftliches Projekt sein können, an dem die Amerikaner und die Briten zu gleichen Teilen beteiligt gewesen wären, aber auf britischer Seite zögerte man. Amerika war noch keine kriegführende Macht, so daß sich die Frage nach der Geheimhaltung aufwarf. Durfte Großbritannien die Kontrolle über ein entscheidendes Waffensystem aufgeben? Was sollte nach dem Krieg geschehen? So wurde die Gelegenheit verpaßt, und zwar mit späteren traumatischen Folgen für die Briten. Trotzdem entstanden eine Zeit lang zwischen beiden Ländern rege Kontakte und ein Austausch von vollständigen Informationen.

Ein derartiger Meinungsaustausch fand zwischen Lawrence und seinem alten Freund Oliphant statt, der ihn im Sommer 1941 besuchte und über die MAUD-Arbeit berichtete. Lawrence war so beeindruckt davon, daß er Arthur Compton anrief, der ihn daraufhin zu einem Zusammentreffen mit Conant in sein Haus in Chicago einlud, um die Chancen der Atombombe zu besprechen. Conant spielte den schwer zu Überzeugenden, um ihn dann plötzlich herauszufordern: „Erscheint Ihnen diese Sache so lebenswichtig, daß Sie bereit sind, sich ihr in den nächsten Lebensjahren voll zu widmen?" Für einen Augenblick war Lawrence verblüfft, weil er viele Dinge vorhatte, die er nun beiseite legen müßte. Trotzdem antwortete er: „Wenn Sie mir sagen, daß dies meine Arbeit ist, dann will ich sie tun".

In der Praxis bedeutete das den sofortigen Umbau des kleineren Zyklotrons; im November holte er einige seiner besten Leute in Berkeley zusammen, um die notwendigen Umbauten vorzunehmen. Nur ein geborener Optimist mit dem Fingerspitzengefühl für den Betrieb wissenschaftlicher Apparate konnte diesen Job so forsch und schnell anpacken; denn es handelte sich dabei auch um eine neue, noch nicht erprobte Methode. Bis dahin waren alle davon ausgegangen, daß der Versuch scheitern muß, größere Substanzmengen in einen Massenspektrographen einzugeben, um größere Mengen getrennter Isotope zu erhalten. Das rührte daher, daß die Atome des Urans oder anderer Elemente, die durch die Anlage hindurchfliegen, ja jeweils die gleiche elektrische Ladung tragen und sich deshalb gegenseitig abstoßen. Je mehr Substanz man durchbringen will, desto näher sind die Atome beieinander und umso bedeutender werden die Abstoßungskräfte. Das Ergebnis ist dann, daß man anstelle von sauberen, scharfen Atomstrahlen für jedes Isotop zerfranste Strahlen erhält, die sich schließlich so stark überlappen, daß keine Isotopentrennung mehr erfolgt. Lawrence hatte die Vorahnung, daß dieser ungünstige Effekt durch die Beigabe von Teilchen mit entgegengesetzter Ladung neutralisiert werden könnte, aber er war sich keineswegs sicher, ob dieser Notbehelf Erfolg haben würde.

Amerika beginnt den Wettlauf um die erste Atombombe

Als Lawrence sein Gerät am 2. Dezember 1941 anlaufen ließ, konnte er feststellen, daß seine Eingebung richtig gewesen war. Im folgenden Februar verschickte er Uran-Isotope in kleinen Mengen für kernphysikalische Messungen. Das neue Instrument war der Vorläufer des sogenannten *Calutrons*, das für die Herstellung des Materials für die Hiroshima-Bombe verwendet wurde, und der elektromagnetischen Isotopentrenngeräte, wie sie heute verwendet werden.

Die elektromagnetische Trennung ist unter den vier Trenn-Methoden für Uranisotope die damals in den USA in Betracht gezogen wurden, in gewissem Sinne die ausgefallenste. Aber die anderen verlangten alle Uran in Form von Uranhexafluorid, und dieses lästige, korrosionsfreudige Material verursachte wegen der schwierigen Arbeitsbedingungen einen nur langsamen Fortschritt. Außerdem war die elektromagnetische Methode die einzige, die die mehr oder weniger vollständige Trennung in einem einzigen Schritt erlaubte.

Bei den drei anderen erreicht man mit jedem Schritt nur eine schwache Anreicherung, die durch eine sehr große Anzahl von Schritten vervielfacht werden muß, wie Simon dies in einem der MAUD-Berichte diskutiert hatte. Dies bedeutete, daß die Fabrik aus zehntausenden von gleichen Einheiten bestehen muß. Wenn diese Einheiten einfach und direkt zu betreiben gewesen wären, hätte das keine besonderen Probleme gebracht, hier aber handelte es sich um neuartige Anlagen, die oft eine präzise Bearbeitung verlangten (speziell die Zentrifugen) und die dem Uranhexafluorid standhalten mußten. Die elektromagnetische Methode verlangt zwar unglücklicherweise auch eine große Anzahl von komplexen Einheiten, aber doch aus einem anderen Grunde. Obwohl jede Einheit sehr viel mehr Stoff verarbeiten konnte als ein Massenspektrograph, so war dessen Menge doch sehr viel kleiner als die, die man für eine Bombe brauchte, so daß man um eine Vielzahl Anlagen auch nicht herum kam.

Der erste Erfolg von Lawrence mit seiner elektromagnetischen Methode gelang gerade kurz vor dem verheerenden japanischen Angriff auf Pearl Harbour vom 7. Dezember 1941, der die USA in den Krieg stürzte und dem Bau der Bombe eine neue Dringlichkeit gab. Kurz darauf ernannte Bush die drei Nobelpreisträger Compton, Lawrence und Urey zu Projektleitern. Lawrence und Urey diente dies hauptsächlich zur Festigung ihres Status für die Aufgaben, an denen sie ohnehin schon arbeiteten, aber für Compton bedeutete dies eine neue, größere Aufgabe: Das Plutonium, ein Element, das bis dahin noch keiner gesehen hatte, in Kilogramm-Mengen herzustellen.

Damals wurde Fermis Reaktor-Arbeit als eine erste Stufe zu einem Vorhaben Plutoniumbombe angesehen, denn größere Mengen Plutonium konnten nur in Kernreaktoren hergestellt werden. Compton sollte diese ebenso wie die nachfolgenden Stufen dieses Vorhabens bearbeiten bis hin zur Herstellung der Bombe selbst. Während des Jahres 1942 leitete er das gesamte Plutoniumprojekt.

Diese Aufgabe bezeichnete er als einen „heroischen Akt der Zuversicht". Zuversicht in die Zukunft war ihm aus der tiefchristlichen Einstellung seiner Familie bekannt, und das dürfte auch die Quelle für seine Bereitschaft gewesen sein, sich voll für ein wichtiges Ziel einzusetzen.

Die wichtigen Aufgaben waren quer über ganz USA verteilt, und die erforderliche Geheimhaltung erschwerte den Informationsaustausch. Compton entschloß sich daher, die Leitung in Chicago in einem sogenannten Metallurgischen Laboratorium zu konzentrieren. Dieser absichtlich unklare Name wurde umgangssprachlich mit *Met. Lab.* abgekürzt.

Zu Beginn, im Januar 1942, verkündete er folgenden Zeitplan:

- Bis Juli 1942 feststellen, ob eine Kettenreaktion möglich ist. (Juli 1942)
- Bis Januar 1943 die erste Kettenreaktion in Gang zu bringen. (Dezember 1942)
- Bis Januar 1944 das erste Plutonium aus Uran gewinnen. (Dezember 1943)
- Bis Januar 1945 die erste Bombe fertigstellen. (Juli 1945)

In Klammern sind jeweils die Termine der tatsächlichen Durchführung angegeben; für die amerikanische Tatkraft und Entschlossenheit stellen sie ein bemerkenswertes Zeugnis dar. Die ersten beiden Punkte basierten auf den Untersuchungen von Fermi und der dritte auf den von Seaborg geleiteten Arbeiten, während die Arbeit zu Punkt 4 von Compton erst noch in Gang gesetzt werden mußte.

Seaborgs Arbeit setzte Fermis Erfolg voraus. Die Bereitstellung einer Methode für die Entnahme der winzigen Plutoniummengen, von denen man meinte, daß sie von Fermis erhofftem Reaktor im Uran erzeugt werden können, war dabei die vorrangige Aufgabe. Dafür waren ziemlich umfangreiche Untersuchungen über die Plutoniumchemie erforderlich, die sich als höchst interessant, aber von anderer Natur als erwartet und als recht kompliziert erwiesen.

Anfang 1944 würden einige Gramm im Reaktor produzierten Plutoniums zur Verfügung stehen, aber 1942 konnten die Zyklotrons nur einige Mikrogramm liefern. Dies bedeutete, daß das Plutonium damals fast immer mit sehr großen Mengen anderer Stoffe vermischt und sein Vorhandensein nur mithilfe seiner Radioaktivität feststellbar war. Im August 1942 gelang es zwei Chemikern von *Met. Lab.*, ein einziges Mikrogramm reinen Stoffes zu gewinnen, also nur ein Stäubchen, dem bloßen Auge kaum sichtbar, an der Wand einer feinen Röhre, aber dennoch eine ganz große Glanzleistung; im allgemeinen blieb das Plutonium unsichtbar. Trotzdem mußte mit diesen minimalen Spuren ein Trennprozeß entwickelt werden, mit dem man in einer chemischen Fabrik Uran tonnenweise verarbeiten konnte.

Amerika beginnt den Wettlauf um die erste Atombombe

Ein anderer Aspekt der Arbeit war die Untersuchung der erzeugten Spaltprodukte. In erster Linie hatte die Identifizierung einiger dieser Substanzen zur Entdeckung der Kernspaltung geführt, und jetzt wuchs ihre Anzahl beständig an, – im Mai 1942 waren es 46. Das Plutonium mußte von ihnen genau so wie vom Uran getrennt werden; andernfalls würde ihre Radioaktivität die Verarbeitung noch erschweren.

Seaborgs Mitarbeiter mußten zum Teil noch viel hinzulernen, weil die hier erforderlichen speziellen Methoden den Chemikern damals nicht so vertraut waren. Im Sommer 1942 war es deshalb ein nützlicher Glücksfall für das *Met. Lab.*, den jungen französischen Radiochemiker Goldschmidt bei sich zu haben. Er hatte auf diesem Gebiet seit 1933 zuerst bei Marie Curie und dann bei Joliot gearbeitet. Halban hatte ihm zum Studium von Seaborgs Arbeiten zunächst eine Woche in Chicago ermöglicht, woraus zum beiderseitigen Vorteil drei Monate wurden, bevor er nach Montréal ging, wo Halban ja im Begriff war, sein Labor aufzubauen.

Während die verschiedenen Projekte unter Compton, Lawrence und Urey in den ersten Monaten 1942 weiter fortschritten, hatten alle das Gefühl, in Kürze müßten schicksalsschwere Entscheidungen getroffen werden. Die Arbeit würde aus den Labors in Fabriken verlagert werden müssen, wenn Kernsprengstoffe im Bombenmaßstab hergestellt werden sollten. Aufwendungen, die sich im Rahmen von einigen hunderttausend Dollar bewegten, würden auf mehrere hundert Mio. Dollar hochschnellen, und der Erfolg war noch keineswegs sicher. Würde die Kriegslage eine so starke Abzweigung von nationalen Ressourcen rechtfertigen?

Der entscheidende Tag war der 23. Mai 1942 als Conant die *S-1* Abteilungsleiter in seinem Büro in Washington zusammenrief.

Vor sich sahen sie zwei Sprengstoffe: ^{235}U und ^{239}Pu. Sie verfügten über drei Trennmethoden für Uranisotope, mit denen man ^{235}U erzeugen könnte: Die Gasdiffusion, die Zentrifuge und die elektromagnetische Trennung, wobei sie die Flüssigkeitsthermodiffusion von Abelson anscheinend übergangen oder übersehen hatten. Für die Herstellung von ^{239}Pu gab es für sie zwei Reaktortypen: den Uran/Graphit- und den Uran/Schwerwasserreaktor. Insgesamt fünf Wege, die zu einer Bombe führten.

Die ausschlaggebende Argumentation in jenen Tagen war, daß man bei fünf möglichen Wegen den Deutschen, denen man einen Zweijahresvorsprung zutraute, wenigstens auf einem schon beträchtlich voraus sein könnte. Wenn die Deutschen die Atombombe aber zuerst haben sollten, könnten selbst die mächtigen Vereinigten Staaten geschlagen werden.

Aufgrund dieser Deutung der Lage wollte der *S-1* Ausschuß nicht notwendigerweise den besten, sondern den schnellsten Weg einschlagen. Weil es aber bei all ihren Entscheidungsmöglichkeiten so viele Unsicherheiten gab, waren sie nicht in der Lage, eine Wahl zu treffen und fällten (in Conants

Amerika beginnt den Wettlauf um die erste Atombombe

Tabelle 5. 1942 in den USA diskutierte Wege zu Kernsprengstoffen

Sprengmaterial	Weg
^{235}U	1. Gasdiffusion 2. Elektromagnetische Trennung 3. Zentrifugieren 4. Thermodiffusion in flüssiger Phase
^{239}Pu	5. Uran/Graphitreaktor 6. Uran/Schwerwasserreaktor

Mit Ausnahme der Nr. 4 wurden vom *S-1 Committee* im Mai 1942 alle Wege in Betracht gezogen, aber die Wege 3 und 6 wurden Ende 1942 wieder fallengelassen. Der Weg Nr. 4 wurde von der US-Marine entwickelt und letztendlich doch vom *Manhattan-Project* verwendet.

Worten) die „Napoleonische Entscheidung", alle fünf Entwicklungen zu empfehlen. Diese Ansicht wurde von Bush und vom Kriegsministerium geteilt; die Würfel waren gefallen.

Die Entscheidung war folgenschwer: Sie bedeutete die Entscheidung für eine Diffusionsanlage, noch ehe die unerläßlichen Diffusionsmembranen oder Trennwände zur Verfügung standen; für eine Zentrifugieranlage, als sogar die Laborerfolge noch minimal waren; für eine elektromagnetische Anlage, deren Funktionsweise nur im Mikrogramm-Maßstab erprobt war; und für Kernreaktoren, deren Möglichkeit überhaupt erst noch nachzuweisen war. In Friedenszeiten hätte man den Bau auf so tönernen Füßen zumindest als tollkühn bezeichnet.

Tatsächlich wurden die fünf Möglichkeiten noch im Jahre 1942 auf drei reduziert. Das Projekt Zentrifuge wurde mit der gleichen Begründung fallen gelassen, die schon in den MAUD-Berichten angegeben worden war: zu hohe Anforderungen an feinmechanischer Präzision. Die Hochgeschwindigkeitszentrifugen mußten sehr genau ausgewuchtet werden, weil sich das kleinste Verwackeln in eine zerstörerische Instabilität entwickeln kann. Beams hatte ein kleines Laborgerät bauen und mit Uranhexafluorid erproben können, womit bis Anfang 1942 nur eine sehr geringe ^{235}U-Anreicherung erhalten wurde. Dieser kleine Erfolg war geringer als die theoretische Vorhersage, während die mit der Vergrößerung anwachsenden Schwierigkeiten gewaltig zu sein schienen; Zehntausende großer Einheiten hätten mit sehr engen Toleranzen gebaut und mit geringen Ausfallquoten betrieben werden müssen.

Der andere Weg, der fallengelassen wurde, war der über den Uran/Schwerwasserreaktor. Dies zum einen deshalb, weil Fermis Uran/Graphitarbeit gute Fortschritte machte, und zum anderen, weil die Herstellung von schwerem Wasser für die Reaktoren zur Plutoniumproduktion eine beträchtliche Zeit in Anspruch genommen hätte. Aus Sicherheitsgründen wurde aber ein Vorrat an schwerem Wasser angelegt.

In weiser Voraussicht hatte Bush frühzeitig daran gedacht, daß das Kernprojekt in seiner Produktionsphase ganz andere Fertigkeiten und Erfahrungen erfordern würde als diejenigen der Forschungsteams; dafür hatte er das Heer im Sinn. Jetzt wandten er und Conant sich an das *US Army Corps of Engineers*. Gigantische Konstruktionsaufgaben, größer als man generell erwarten sollte, standen den Leuten bevor, die große Truppenübungsplätze und Luftfahrtzentren gebaut hatten und deshalb als gut geeignet erschienen.

Auch Industriefirmen mußten als Vertragspartner für das Heer beteiligt werden, was heftige Reaktionen unter den Wissenschaftlern des *Met. Lab.* hervorrief. Bei einer Sitzung im Juni 1942 kam es zu einer Kraftprobe, bei der sich Compton nach seinen eigenen Worten beinahe einer Meuterei konfrontiert sah. Er eröffnete die Sitzung mit der Lesung der Geschichte über Gideon aus dem Alten Testament und gab zu erkennen, daß er ein kleines, sich vollverpflichtendes Team einem großen lauwarmen und gleichgültigen vorziehen würde.

Es ist nicht klar, worüber gestritten wurde.[1] Einer der anwesenden Wissenschaftler erklärte, daß ihr Widerstand sich gegen die beabsichtigte Wahl von *Stone und Webster*, den üblichen Vertragspartner für das Heer, bezüglich der Plutonium-Herstellungsanlage richtete; die Wissenschaftler waren der Meinung, dies sei die falsche Firma. Die europäischen Flüchtlinge - allen voran Wigner - waren den großen Konzernen gegenüber generell mißtrauisch, einschließlich wohl der Gesellschaft, die schließlich ausgewählt wurde, dem Chemiegiganten *E. I. du Pont de Nemours*. Compton stellte fest: „Zunächst war es jedoch für Wigner sehr schwer zu glauben, daß die Zusammenarbeit mit einer großen Industrieorganisation wie *du Pont* irgend etwas Gutes bringen könnte. In Europa hatte man ihm beigebracht, daß solche Unternehmungen die eigentlichen Machthaber der amerikanischen Demokratie wären". Als *du Pont* im Herbst 1942 eingeführt wurde, schwelte es in Chicago eine ganze Zeit lang unter der Oberfläche.

Das Heer betraute Oberst Leslie R. Groves mit dem *Manhattan Project*, wie die ganze Organisation jetzt genannt wurde, und beförderte ihn zum Brigadegeneral. Groves war für die Errichtung des Pentagon in Washington verantwortlich gewesen, ein Monument, das seine Fähigkeit, ein Ziel mit einer großen und komplexen Organisation zu erreichen, unter Beweis stellte. Er besaß eine kolossale Arbeitskraft, trieb sich und andere gewaltig an und konnte keinen Leerlauf vertragen. Während er das *Manhattan-Project* betrieb, mußte er mal hier, mal dort und eigentlich überall sein, wo immer ein Engpaß auftrat

---

[1] Die Konfliktsursachen findet man bei Compton in *Atomic Quest* und bei Libby in *The Uranium People;* letzterer datiert das Ereignis in den Herbst 1942.

Amerika beginnt den Wettlauf um die erste Atombombe

oder eine Grundsatz-Entscheidung zu treffen war, und er verlor dennoch nie die Übersicht. Man kann behaupten, daß ohne Groves die Atombomben nicht rechtzeitig vor Kriegsende fertiggeworden wären.

Für ihn war die Herstellung der Bomben ein Job, den er tun mußte, ein Job, von dem der Kriegsausgang abhängen konnte. Die Bomben selbst waren Waffensysteme, und die waren Sache des Heeres. Die Geheimhaltung war wesentlich und mußte streng gewahrt sein. Sein Vorgehen war einfach, direkt, unkompliziert und mit wenig Augenmerk auf die Folgewirkungen.

Er besuchte Bush am 17. September 1942. Bush war zu Groves Ernennung weder gefragt noch darüber informiert worden und reagierte anfänglich kühl. Groves selbst erzählte „(Bush) hielt mich für zu aggressiv und meinte, daß ich mit den wissenschaftlichen Leuten Schwierigkeiten haben würde". Sie wurden aber schnell Freunde. Im ganzen gesehen wurden das Heer und seine Sicherheitsvorkehrungen von den Wissenschaftlern als unvermeidbar hingenommen, wenngleich sie auch murrten und Groves manchmal schwer ertragen konnten.

Für die Briten war die Einbeziehung des Heeres verhängnisvoll, denn dies führte zu einer fast vollständigen Sperre des Informationsflusses aus Amerika. Im Hinblick auf den Wert der MAUD-Berichte für die Amerikaner war das eine bittere Pille. Die Sperre wurde erst nach etwa einem Jahr aufgehoben, als Churchill und Roosevelt die sogenannte Vereinbarung von Quebec aushandelten. Sogar danach wurden die Briten von mehreren Schlüsselfragen einschließlich der Arbeiten des *Met. Lab.* ausgeschlossen.

Durch die Sperre war das *Montréal Laboratory* besonders beeinträchtigt, das ja auf eine Zusammenarbeit mit den Amerikanern konzipiert war und seine Arbeit Anfang 1943 hätte aufnehmen können, direkt nach dem sie so brüsk abgebrochen worden war. Als seinen Schwerpunkt hatte Halban ein Uran/Schwerwasserprojekt beabsichtigt, aber seine ehrgeizigen Vorhaben wurden durch die Umleitung fast des ganzen schweren Wassers nach Chicago zunichte gemacht. Durch private Besuche von Goldschmidt und von Pierre Auger, einem anderen Franzosen, in Chicago konnte die Lage ein bißchen erleichtert werden. Sie besaßen noch ihre Dienstabzeichen für das *Met. Lab.*, so daß sie leicht hineinkamen, und dort von ihren früheren Kollegen freudig begrüßt wurden, von denen einige selbst unter der neuen Geschäftsleitung des *Manhattan-Project* schmerzlich zu leiden hatten. Die Franzosen kehrten mit reicher Beute nach Montréal zurück, einschließlich kleiner Proben von Plutonium und von den Spaltprodukten, über die Goldschmidt im letzten Sommer gearbeitet hatte.

Inzwischen war das amerikanische Projekt durch Groves nach Art und Umfang rasch und wesentlich verändert worden. Zu Zehntausenden waren Leute mithilfe von Sofortprogrammen für die Herstellung von ^{235}U und ^{239}Pu eingestellt worden. In weiten Bereichen wurde aus dieser Geschichte eines jener von industrieller Seite gesteuerten Mammutprojekte, in denen die Wissenschaftler oft im Schatten stehen. Aber die Wissenschaftler leisteten trotzdem noch viele wesentliche Beiträge, was Gegenstand der folgenden Kapitel sein soll.

Bildtafeln

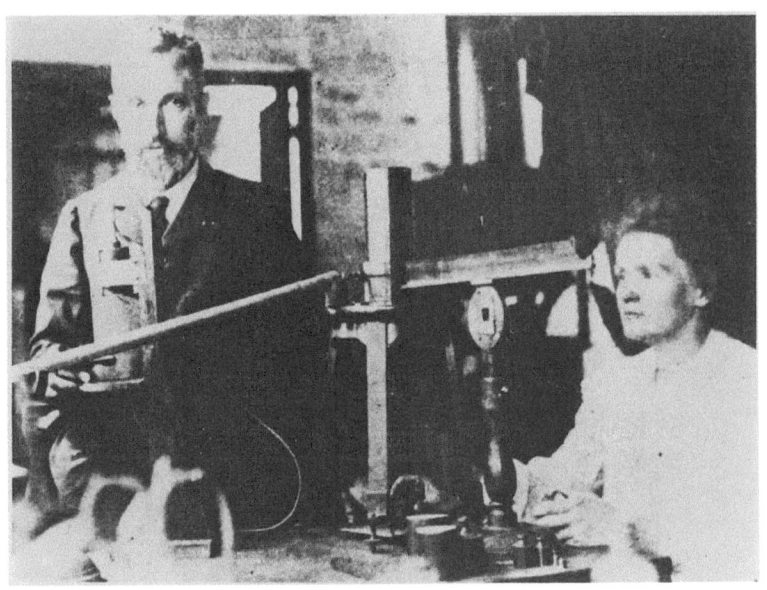

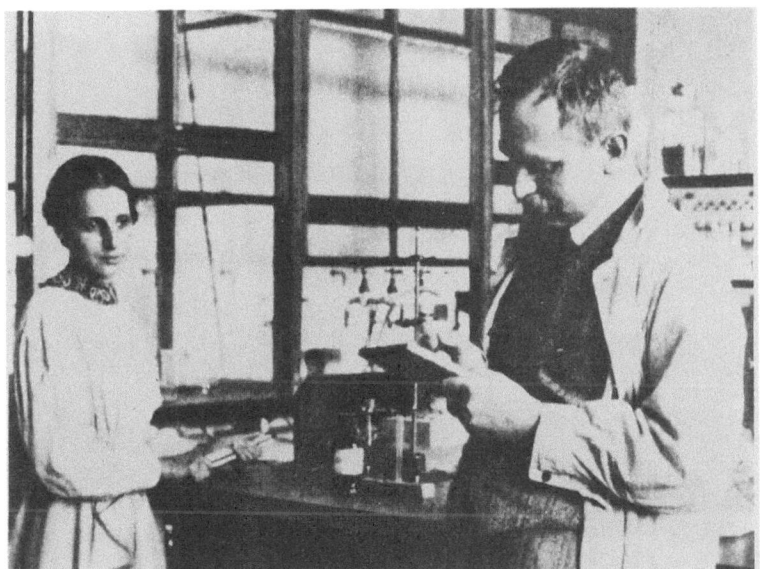

Tafel 1 (oben). Pierre und Marie Curie (vermutlich Anfang des 20. Jahrhunderts)
Tafel 2 (unten). Lise Meitner und Otto Hahn, 1913

Bildtafeln

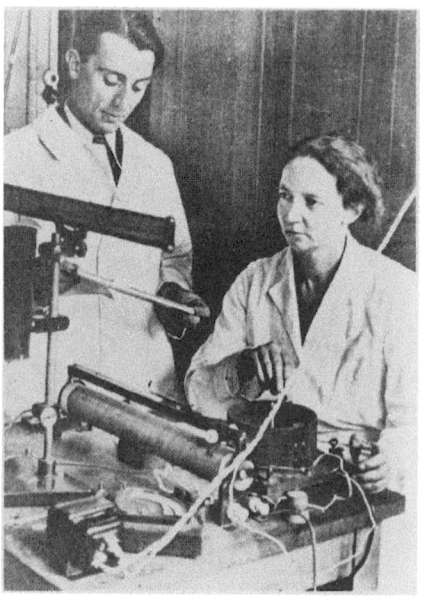

***Tafel 3** (oben links)*. Lord Rutherford, Zeichnung von Otto Frisch
***Tafel 4** (unten)*. Rutherfords Versuchsaufbau für die erste künstliche Kernumwandlung 1919 (s. Kap. 1)
***Tafel 5** (oben rechts)*. Frédéric und Irène Joliot-Curie, Paris ca. 1935

Bildtafeln

Tafel 6. Der erste Beschleuniger (Atomzertrümmerer), von John Cockcroft und Ernest Walton 1932 gebaut (s. Kap. 1)

Bildtafeln

Tafel 7. Niels Bohr besucht Berlin (1920). *Von links nach rechts:* Otto Stern, Wilhelm Lenz, James Franck, Rudolf Ladenburg, Paul Knipping, Niels Bohr, E. Wagner, Otto von Baeyer, Otto Hahn, Lise Meitner, Georg von Hevesy, Hans Geiger, Wilhelm Westphal, Gustav Hertz, Peter Pringsheim. (Photo von Dietrich Hahn, freundlicherweise zum Abdruck freigegeben)

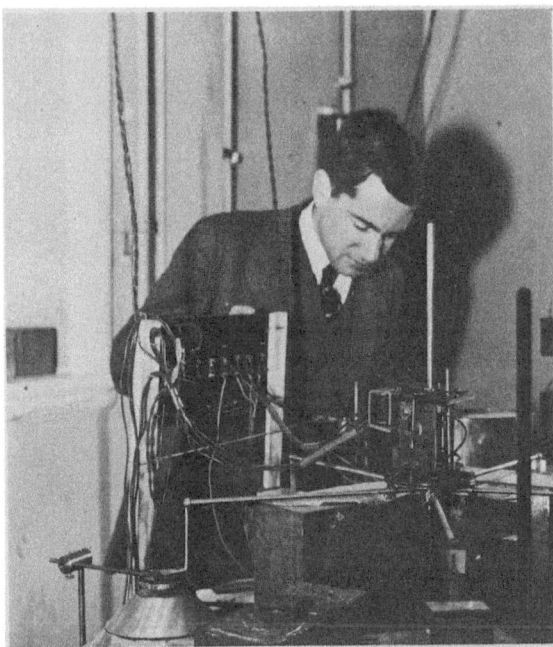

Tafel 8. Kopenhagen, ca. 1936. Empfang bei Niels Bohr *(oben links);* Werner Heisenberg und Niels Bohr *(oben rechts);* Otto Frisch im Niels Bohr Institut *(unten)*

Bildtafeln

Tafel 9. Führende Persönlichkeiten des Manhattan-Projekts: Enrico Fermi *(oben links)*; Arthur Compton *(oben rechts)*; Ernest Lawrence, Glenn Seaborg und Robert Oppenheimer *(unten)*

Bildtafeln

Tafel 10 (oben). Eine der Alpharennstrecken in der elektromagnetischen Trennanlage für Uranisotope (s. Kap. 8)
Tafel 11 (unten). James Chadwick und General Groves

Bildtafeln

Tafel 12. Ein kleiner Ausschnitt der Baustelle in Hanford, 1944

Bildtafeln

Tafel 13 *(links)*. John Cockcroft beim ersten Spatenstich für den Forschungsreaktor in Harwell, 1946
Tafel 14 *(rechts)*. Christopher Hinton vor der Baustelle des Schnellen Brüters in Dounreay, ca. 1957

8 Kernsprengstoffe I:
Anreicherung eines Uranisotops

Eine der ersten Maßnahmen von General Groves war der Erwerb eines großen Landstrichs in Tennessee, der für die Fabrikationsanlage ausersehen worden war. Im Auftrag des Heeres bauten dort Industriefirmen eine Gasdiffusionsanlage *(K-25)* und eine elektromagnetische Trennanlage *(Y-12)* sowie ein großes Kraftwerk einschließlich einer ganzen neuen Stadt und den Forschungslaboratorien, die später unter dem Namen *Oak Ridge National Laboratory* (ORNL) weltberühmt wurden.

Die beiden Anlagen wurden zehn Kilometer voneinander entfernt in getrennten Tälern gebaut, so daß ein Unfall in der einen Anlage die andere nicht beeinträchtigen würde.

Üblicherweise testet man ein neues Verfahren zunächst in verkleinertem Maßstab in einem Pilotprojekt, um erst danach eine Großanlage zu errichten. Unerwartete Schwierigkeiten können so erkannt und in der endgültigen Ausführung vermieden werden. Die von Groves zu errichtenden Anlagen waren so neuartig, daß dieses Prinzip unter normalen Bedingungen zweimal richtig gewesen wäre. Aber der vermutete Wettlauf mit den Nazis hätte dadurch verloren gehen können.

Es wurde entschieden, das Stadium der Pilotanlagen zu übergehen, zuerst für die Gasdiffusionsanlage und dann auch für die elektromagnetische Anlage. Groves hatte erklärt, er sei zu diesen Abkürzungsverfahren z.T. auch wegen seines Vertrauens in die Fähigkeit und Tatkraft von Lawrence bereit. Dennoch ließ dieser Weg Schwierigkeiten erwarten, die sich dann auch vielfältig ergaben.

Die elektromagnetische Anlage, *Y-12,* lief als erste an. Der Bau begann im Februar 1943 und im August war die erste Einheit fertiggestellt. Die erforderliche Forschung war im Labor von Lawrence in Berkeley ausgeführt worden, und die dortigen Wissenschaftler standen in enger Zusammenarbeit mit den betreffenden Firmen. Fünfzig von ihnen wurden von *Tennessee Eastman,* die für den Betrieb der Anlage zuständig war, tatsächlich ganz übernommen.

Die Anlage *Y-12* sollte aus dem natürlichen Uran, das nur etwa 0,71% des gewünschten ^{235}U-Isotops enthält, dies nach den Wünschen der Bombenkonstrukteure zu mehr als 90% anreichern. Lawrence hatte ursprünglich gehofft, dies in einem einzigen Schritt zu erreichen, aber das war für Groves viel zu optimistisch, so daß *Y-12* als ein Zweistufensystem geplant wurde. *Alpha,* die

Kernsprengstoffe I: Anreicherung eines Uranisotops

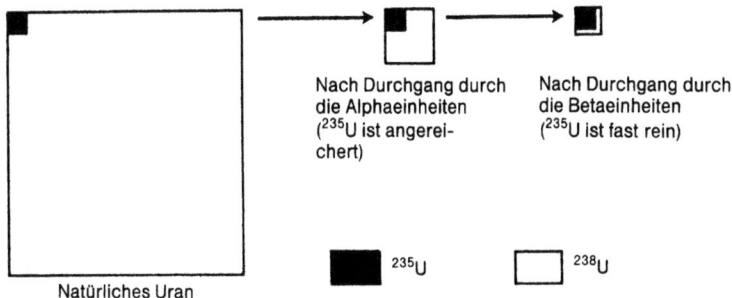

Abb. 11. Massenverhältnisse der Uranisotope bei den elektromagnetischen Trennanlagen

erste Stufe, sollte eine Anreicherung bis auf etwa 15% ergeben, *Beta*, die zweite Stufe, würde den Prozeß vervollständigen. Die etwa 20fache Konzentrationszunahme in den Alphaeinheiten der Anlage verlangte eine Abtrennung von etwa 95% des unerwünschten Isotops ^{238}U (Abb. 11), so daß für die Betastufe nur ein viel kleinerer Teil von etwa 5% des Urans zur Weiterverarbeitung zurückblieb und sie entsprechend kleiner ausgelegt werden konnten. Schließlich wurden neun Alphaeinheiten gebaut (wegen ihres Erscheinungsbildes wurden sie *Rennbahnen* genannt), deren Produkte in acht Betaeinheiten eingebracht werden konnten.

Der eigentliche Vorgang spielte sich in *Calutrons* genannten Vorrichtungen ab, in denen Uranionen im Hochvakuum elektrische und magnetische Felder durchlaufen, die die Isotope ^{235}U und ^{238}U trennen. Die getrennten Stoffe wurden dann in besonderen Auffangstellen (Kollektoren) gesammelt und von Zeit zu Zeit entnommen.

Eine Vorstellung über Umfang und Komplexität der Anlage kann man aus dem Umstand gewinnen, daß für den Betrieb 22000 Leute benötigt wurden. Jede Alpharennbahn war 122 Fuß lang, 77 Fuß breit und 15 Fuß hoch (ca. 37 × 23 × 5 m), sie enthielt nicht weniger als 96 Kammern mit den Calutrons.

Niemals zuvor war ein so großes Raumvolumen so hoch evakuiert worden; die riesigen Elektromagnete hätten fast 100000 Tonnen Kupfer verbraucht, was ein großes Opfer für andere Kriegsprojekte bedeutete. Wegen dieser Schwierigkeiten wurde Kupfer durch Silber ersetzt; 86000 Tonnen wurden vom US-Schatzamt geborgt und nach dem Krieg mit nur geringem Schwund zurückgegeben.

In gewissem Sinn war das Verfahren sehr unwirtschaftlich: Nur etwa 10% der injizierten Uranatome erreichten die Auffangstellen (Kollektoren) des Calutrons. Der Rest verteilte sich überall in den Kammern und seine Rückgewinnung verlangte die mühevolle Arbeit, sie in Einzelteile zu zerlegen und

Kernsprengstoffe I: Anreicherung eines Uranisotops

mit Säuren abzuwaschen. Dazu brauchte es große chemische Anlagen. Andere chemische Arbeitsgänge waren die Vorbereitung des Rohmaterials für die Calutrons (Urantetrachlorid) sowie die Reinigung und Präparierung der getrennten Isotope aus den Kollektoren. Die Berkeley-Physiker hatten der Chemie zunächst nur ungenügende Aufmerksamkeit geschenkt, aber durch die Entscheidung für die zweistufige Anreichungsmethode im *Y-12* kamen ihnen die Wichtigkeit und die Problematik der Chemie rasch zu Bewußtsein. Das in den Einzelteilen der Betaeinheiten verstreute Uran würde ja wertvolles, in den Alphaeinheiten bereits mühevoll teilangereichertes Uran sein. Deshalb war seine Rückgewinnung und erneute Eingabe in die Betaeinheiten unerläßlich.

Nach einer Besichtigung von *Y-12* im Mai 1943 sagte Lawrence zu seinen Kollegen aus Berkeley: „Wenn Sie sich den Umfang dieses Betriebes anschauen, dann werden Sie ernüchtert sein und einsehen, daß wir dies nun durchziehen müssen, ob wir wollen oder nicht ... Diese Rennbahnen termingerecht zum Laufen zu bringen, wird eine scheußliche Arbeit werden. Wir müssen sie vollbringen".

Es erwies sich wirklich als eine *scheußliche Arbeit,* und es erforderte die ganze Begeisterung von Lawrence, während der düsteren Zeiten der Enttäuschungen den Fortgang der Entwicklung und die Arbeitsmoral aufrechtzuerhalten.

Als die erste Alphaeinheit Ende 1943 in Betrieb genommen wurde, fing sie schon nach wenigen Stunden an, unregelmäßig zu laufen, um dann völlig auszufallen. Die Magneten hatten Kurzschlüsse. Dies war die erste einer langen Serie von Pannen in den Bauelementen. Besonders frustrierend war dabei, daß auch wegen eigentlich geringfügiger Probleme, - in einem Falle war es eine Maus -, für die dadurch notwendigen Arbeiten eine Kammer erst geöffnet und dann wieder stundenlang abgepumpt werden mußte. Dennoch wurde mithilfe der zweiten Alphaeinheit Anfang 1944 erstes Material für experimentelle Arbeiten hergestellt und die *Würmer* wurden nach und nach beseitigt.

Die Wissenschaftler wurden ständig für Problemerkennung und Lösung in Anspruch genommen; die Frage, ob sie von den Kollegen aus der Industrie langsam verdrängt wurden, stellte sich also hier nicht wie in anderen Projekten. Außerdem wurden sie nach der Übereinkunft in Quebec 1943 durch fünfunddreißig Wissenschaftler aus Großbritannien verstärkt, die hochwillkommen geheißen und völlig in das Projekt integriert wurden, einschließlich ihrer Bewegungsfreiheit zwischen Berkeley und Oak Ridge. Oliphant übernahm sogar von Lawrence, wenn dieser nicht anwesend war, die Leitung in Berkeley.

Das Gasdiffusionsprojekt kam unterdessen nur langsam voran. Von der *Columbia University* hatte sich Dunning bereits mit der *M.W.Kellog Com-*

Kernsprengstoffe I: Anreicherung eines Uranisotops

pany ins Benehmen gesetzt hinsichtlich der Entwicklung einer großtechnischen Ausrüstung, wie sie für eine Fabrik benötigt werden würde, und diese Firma wurde 1942 mit der Planung der Fabrik selbst beauftragt. Für diesen Zweck wurde eine Tochtergesellschaft, die *Kellex Company*, gegründet und Percival C. Keith unterstellt. Auch eine Betriebsgesellschaft für die künftige Fabrik war von Nöten, wofür die gewaltige *Union Carbide and Chemicals Corporation* einbezogen wurde. Die Anlage sollte gleichfalls gewaltig werden: Das Gebäude, das sie aufnahm, wurde das Größte der Welt.

Die Planung war eine Sache, aber die Ausführung durch Firmen war eine andere, solange die Konstruktion der Grundelemente so unbestimmt blieb. 1943 wurde deshalb mit großem Aufwand eine Vielzahl von Erprobungsstücken, auch einige ziemlich große, gebaut. Die Bauarbeiten für die Anlage *K-25* begannen nicht vor Mitte 1943, erheblich später als die für *Y-12*.

Das widerspenstigste Problem dabei war die Herstellung der Diffusionsmembranen bzw. Trennwände, von denen der ganze Vorgang abhängt. Die Trennwände müssen porös wie bei einem Tontopf sein, wobei die tausende von Millionen von Poren von mikroskopischer und ziemlich einheitlicher Größe sein sollen: Große Poren stellen nur Löcher dar, durch die das Uranhexafluorid ohne Unterscheidung der Isotope hindurchtritt. Außerdem muß die Wand stabil sein, um dem Druck stand zu halten, der das Gas hindurchpreßt, und die Poren dürfen nicht als Folge von Korrosionsschäden verstopfen.

Die Wissenschaftler testeten hunderte von Materialien, von denen viele für diesen Zweck eigens hergestellt wurden, um der äußerst schwierigen Kombination von Eigenschaften gerecht zu werden. Millionen Quadratmeter wurden davon benötigt, aber sogar die Herstellung von Quadratzentimetern gelang nur mit Glück und war nicht programmierbar. Im zweiten Halbjahr 1942 wurde festgestellt, daß Nickel ein akzeptables Wandmaterial ist, das auch der Korrosion durch Uranhexafluorid widersteht, aber wie konnte man es porös machen?

In Ureys Laboratorium in der *Columbia University*, das ab Mai 1943 SAM *(Substitute Alloy Materials)* hieß, quälte man sich mit den Problemen ab. Anders als die Wissenschaftler von Berkeley, die für *Y-12* arbeiteten, drohte Urey und seinen Mitarbeitern die Gefahr, Hinterbänkler und von den zentralen Anliegen der Firmen, die die Anlage bauen und betreiben sollten, isoliert zu werden. Dies rührte zum Teil daher, daß es auf diesem Gebiet eine schärfere Trennlinie zwischen Forschungs- und Industrieaktivitäten gab, war außerdem aber zu einem anderen Teil rein menschlicher Natur. Lawrence strahlte bei *Y-12* Hoffnung aus; Urey zeigte sich oft entmutigt. Lawrence tat alles, was für den Fortgang der Arbeiten nötig war; Urey richtete sein Augenmerk auf die Wissenschaft. Zu guter Letzt brach Urey mit Keith, dem Mann von Kellex, der sein Verbündeter hätte sein sollen.

Kernsprengstoffe I: Anreicherung eines Uranisotops

Im Herbst 1943 hatte man noch immer keine endgültige Lösung für das Trennwandproblem gefunden. Zu diesem Zeitpunkt wurde es Groves durch das Quebec-Abkommen möglich, die Briten zu sich zu holen, die viel Kraft in ihr eigenes Gasdiffusionsvorhaben gesteckt hatten, obwohl in Großbritannien noch keine Industrieanlage in Aussicht stand. Peierls wurde Berater bei *Kellex,* eine britische Vertretung besuchte Amerika im Winter 1943/44, und mehrere britische Wissenschaftler und Ingenieure verbrachten 1944 einige Monate beim amerikanischen Vorhaben. Die Zusammenarbeit war hier jedoch weit weniger erfolgreich als im Falle des elektromagnetischen Unternehmens. Das britische Team hatte seine eigenen konkreten Vorstellungen davon, wie eine Gasdiffusionsanlage aussehen sollte und die Amerikaner waren bereits an ihr eigenes Konzept von zig Millionen Dollar gebunden. Die Briten traten mit einer gewissen akademischen Nüchternheit an *K-25* heran, während sich die Amerikaner klar darüber waren, daß sie es dringend einsatzbereit machen mußten, komme was immer da wolle. Trotzdem empfanden es die *Kellex*-Ingenieure als wertvoll, alle Gesichtspunkte der Anlage mit einer neuen und erfahrenen Gruppe durchzugehen.

Zur zentralen Frage nach der Trennwand hatten die Briten keine Zauberformel anzubieten. Bei den Amerikanern gab es zwei Spitzenkandidaten, die *Norris-Adler-Wand,* eine Art Nickeldrahtnetz mit einer enormen Anzahl kleiner Löcher, die das Ergebnis einer 18monatigen Arbeit bei Urey war, und die *Johnson-Wand,* die erst kurz zuvor unter Keith bei *Kellex* entwickelt worden war und aus Nickelpulver bestand, das unter Druck und Hitze zu einem porösen Festkörper verfestigt (gesintert) worden war. Eine Produktionsanlage für die Norris-Adler-Wand befand sich bereits im Bau, aber diese Membranen waren noch viel zu brüchig, ließen sich viel zu schwer zusammenschweißen und waren viel zu unterschiedlich in ihrer Leistungsfähigkeit. Die Johnson-Wand war nur gut, wenn sie von Hand hergestellt wurde, es gab aber keine technischen Herstellungsmöglichkeiten.

Keith hatte das Gefühl, auf ein lahmes Pferd zu setzen, würde man die Norris-Adler-Wand weiter vorantreiben, - die er verächtlich als *Spitzengardine* bezeichnete. Urey hielt es für schwachsinnig, zu einem neuen und vergleichsweise wenig geprüften Konzept zu wechseln; falls die Norris-Adler-Wand nicht funktionieren würde, sollte auf das ganze *K-25* verzichtet werden. Urey war spannungsgeladen, entmutigt, fast resigniert, und Groves war gezwungen, die Verantwortung auf andere Schultern zu laden.

So lange als möglich versuchte Groves, mit beiden Trennwänden weiterzukommen, - was übrigens beiden führenden Köpfen mißfiel, - aber Anfang 1944 mußte eine Entscheidung getroffen werden. Bei einer entscheidenden Sitzung mit allen Parteien einschließlich der Briten schlugen die *Kellex*-Ingenieure den Abbau aller Maschinen für die Herstellung der Norris-Adler-Wände und die Einstellung einiger tausend Arbeiter für die Herstellung der

Kernsprengstoffe I: Anreicherung eines Uranisotops

Johnson-Trennwände durch Handarbeit vor. Die Briten waren skeptisch und einer von ihnen sagte, daß dann so etwas wie ein Wunder notwendig wäre, aber Groves akzeptierte das *Kellex*-Projekt, und der Erfolg rechtfertigte diesen mutigen Entschluß. Als einen Trostpreis für die Briten könnte man den Umstand betrachten, daß ein großer Teil des benötigten Nickelpulvers, das von bester Qualität sein mußte, von einer Fabrik in Wales geliefert wurde.

Die Trennwandentwicklung hatte den Einsatz von buchstäblich Hunderten von Wissenschaftlern und Ingenieuren gekostet. Bis zur Lösung des Problems war die Diffusionsanlage *K-25* eingefroren gewesen. Gegen Ende 1944 war die Lieferung von Trennelementen schließlich in einem beachtlichen Maße möglich und danach nahmen die *K-25* Einheiten in dem Maße den Betrieb auf, in dem diese Elemente angeliefert wurden. Am 20.Januar 1945 wurden die ersten Einheiten mit Uranhexafluorid beschickt.

Nach den Trennwänden verursachte die Pumpenauslegung die nächsten schwierigen Entwicklungsaufgaben. Sie müssen den raschen Umlauf des korrosionsfreudigen Uranhexafluorids zuverlässig bewirken und absolut dicht gegenüber Luftfeuchtigkeit sein, nur gab es kein Schmiermittel, das gegenüber dem Hexafluorid beständig und als Dichtungsmaterial verwendbar war. Eine neuartige und befriedigende Ausführung zeichnete sich im Frühjahr 1943 ab.

Nachdem sowohl *K-25* als auch *Y-12* dem Zeitplan nachhinkten, tauchte die Idee auf, sie hintereinander zu schalten. Sie waren ja als Alternativen vorgesehen, wobei jede für sich in der Lage war, den gesamten Anreicherungsprozeß durchzuführen; falls die eine ausfiel, könnte die andere doch erfolgreich sein. Der neue Vorschlag bestand darin, die Gasdiffusionsanlage *K-25* für eine erste, begrenzte Urananreicherung zu verwenden und das Produkt dann in die elektromagnetische Anlage *Y-12* für die endgültige Anreicherung einzugeben. Jede Anlage würde dann optimal eingesetzt sein, *K-25* für die großen Mengen, von denen man ausgehen mußte, und *Y-12* für die kleineren Mengen des vorangereicherten Materials. Außerdem konnte jetzt die Endstufe von *K-25* fallengelassen werden, so daß nur eine kleinere Anlagenkapazität errichtet werden mußte.

Im Jahr 1943 war die Kombination von *K-25* mit *Y-12* eine echte Hoffnung, bis dann durch den anhaltend langsamen Fortschritt Anfang 1944 der Mut erneut sank. Jetzt öffnete sich aber ein anderer Ausweg. Abelson hatte seine Arbeiten über die Flüssig-Thermodiffusion fortgesetzt, die beim *Manhattan-Projekt* in Vergessenheit geraten waren. Bei dieser Methode wird flüssiges Uranhexafluorid durch ein senkrechtes Rohr mit ringförmigem Querschnitt gepreßt, wobei das Doppelrohr von außen mit Wasserdampf beheizt und von innen mit Wasser gekühlt wird. Ebenso wie bei der Gasthermodiffusion konzentriert sich das leichtere Isotop an der warmen Wand, an der es aufsteigt, und das schwerere Isotop an der kalten Wand, an der es absinkt.

Kernsprengstoffe I: Anreicherung eines Uranisotops

Die US-Marine, die an Kernkraft für U-Boote interessiert war, unterstützte die Arbeit von Abelson, der 1941 vom *National Bureau of Standards* in Washington zum *Naval Research Laboratory* in Anacostia umzog, nicht zuletzt wegen der Versorgung mit Dampf zum Erhitzen seiner Rohre. Im Januar 1944 wurde mit dem Bau einer Anlage für hundert Säulen im *Philadelphia Navy Yard* begonnen und Abelson hoffte, Mitte Juli mit der Produktion von angereichertem Material in begrenztem Rahmen beginnen zu können.

Mit dem *Manhattan-Projekt* bestanden wenig Beziehungen, denn die Navy gehörte nicht zu dessen Geheimnisträgern. Dennoch gelangten im April 1944 Nachrichten über die Arbeit von Abelson auf Umwegen zu Groves. Sein Team studierte diese Methode schnell, und am 27. Juni wurde ein Vertrag mit der Firma *H. K. Ferguson Company* über den Bau einer Flüssigthermodiffusionsanlage binnen neunzig Tagen in Oak Ridge unterzeichnet. Wegen der Kürze der zur Verfügung stehenden Zeit entschied sich die Firma, einundzwanzig exakte Kopien der Anlage im *Navy Yard* zu errichten. Dies wurde *S-50*. Mehr oder weniger im Rahmen der Frist von neunzig Tagen war diese Anlage im Oktober soweit einsatzfähig, daß kleine Proben von schwach angereichertem Uran für *Y-12* entnommen werden konnten. Die Gesamtanlage war im folgenden März in Betrieb.

Die Anlage *S-50* erhöhte den Anteil an ^{235}U von 0,71% nur auf 0,86%, was wie eine recht belanglose Zunahme aussehen mag. Dennoch bedeutete diese Verbesserung gegenüber dem natürlichen Uran für die Anlagen *Y-12* bzw. *K-25* als zweitem Schritt eine Verbesserung der Produktionsleistung um 21%. Und das war für die Kalkulation der für die Bombe benötigten Kilogramm an ^{235}U von wesentlicher Bedeutung.

Groves hatte nun drei Eisen im Feuer, alle relativ unfertig und unsicher, aber alle in stetem Fortschritt. Im Jahr 1945 ergab sich die Frage, wie man sie optimal kombinieren sollte.

Zunächst wurden die Produkte von *S-50* direkt in *Y-12* eingegeben. Als *K-25* dann am 12. März bewies, daß es 1,1%ig angereichertes Material produzieren kann, wurde es zwischengeschaltet, so daß das Material von S-50 über *K-25* in die Alpha-Rennbahn von *Y-12* und dann in die Betarennbahnen gelangte. Ein weiterer Meilenstein wurde am 10. Juni erreicht, als K-25 7%iges Material produzierte; dieser Anreicherungsgrad war für die unmittelbare Eingabe in die Betaeinheiten von *Y-12* ausreichend, so daß die Alphaeinheiten vermieden werden konnten. Der letzte Schritt, nämlich die ganze Anreicherung in *K-25* vorzunehmen und *S-50* und *Y-12* völlig zu umgehen, konnte nicht getan werden, weil die letzten Stufen von *K-25* nicht mehr gebaut wurden, als *K-25* und *Y-12* hintereinandergeschaltet wurden; *K-25* konnte nur noch eine Anreicherung von etwa 20% erzielen. Aber nach dem Krieg wurde das ganze Verfahren in einer Diffusionsanlage ausgeführt; dies ist einfacher und billiger, als eine elektromagnetische Anlage für die letzten Schritte einzuschalten.

Als sie schließlich liefen, war es für die Anlagen in Oak Ridge nur noch eine Frage von Wochen, aus einigen zig Tonnen natürlichem Uran 60 kg ^{235}U für die Hiroshima-Bombe zu gewinnen.

9 Kernsprengstoffe II: Produktion des Plutoniums

Die Arbeiten zur Plutoniumalternative liefen parallel zur Uranisotopentrennung, aber weitestgehend unabhängig davon. Groves hatte nämlich das System der getrennten Abteilungen eingeführt. Jede Person solle in ihrer Abteilung arbeiten, aber ihre Kenntnisse über andere Abteilungen sollten auf das unbedingt nötige beschränkt bleiben. Das war gut für die Geheimhaltung, bedeutete aber den Verlust vieler nützlicher Diskussionen, so daß es in der Praxis Kompromisse geben mußte. Trotzdem war das *Met. Lab.* in Chicago auf die Arbeit zum Plutoniumprogramm beschränkt und wurde über das Uranprogramm im wesentlichen in Unkenntnis gehalten. Beide Programme trafen erst an der Spitze aufeinander, in der Ebene von Bush und Groves, sowie später beim Bau der Bomben.

Die Arbeit von Fermi und seinen Mitarbeitern am Uran/Graphit-Reaktor lieferte die wesentlichen Grundlagen, ohne die es keine Plutoniumalternative geben konnte. Im Juli 1941 hatten sie genug Uran und Graphit von hinreichender Qualität, so daß mit dem Bau einer Anzahl fast-kritischer Einheiten begonnen werden konnte, und zwar in etwa auf dem Weg, den die Franzosen zuvor mit dem Uran/Wassersystem eingeschlagen hatten. Die Amerikaner nannten dies „intermediate experiments" (experimentelle Zwischenstufen), von denen insgesamt 30 ausgeführt wurden, - mit Verbesserungen in der Konstruktion und im Material, bis die Zeit reif war für den Versuch, eine kritische Anlage zu bauen, nämlich den sich selbst erhaltenden Reaktor. Der Erfolg jeder Stufe war durch den Neutronen-Multiplikationsfaktor, also den k-Wert bestimmt, der in Kapitel 4 besprochen ist.

Im allgemeinen wurden Gitteranordnungen verwendet. Fermi begann mit einem Gitter, das aus Graphitblöcken und mit Uranoxid gefüllten Metallkästen gebildet wurde. Der ganze Aufbau bildete einen Würfel von fast 2,5 m Seitenlänge, der etwa sieben Tonnen Uranoxid enthielt. Obwohl eine gewisse Neutronenvervielfachung stattfand, betrug der k-Wert nur 0,87, ein nicht besonders ermutigendes Ergebnis. Fermi vermutete Verunreinigungen im Oxid, und die chemische Analyse gab ihm recht. Mit reinerem Uran und mit anderen Verbesserungen stieg der gemessene k-Wert beständig an. Der Einsatz von Graphit mit einem besseren Reinheitsgrad gab im Mai 1942 den Wert k=0,995, also nur ganz geringfügig unter dem Zahlenwert eins. Endlich, im Juli 1942, wurde ein Wert größer als eins, nämlich k=1,007 erreicht.

Kernsprengstoffe II: Produktion des Plutoniums

Dies bedeutete, daß eine kritische Menge prinzipiell möglich war, obwohl sie sehr groß sein müßte, es sei denn, der k-Wert könnte noch weiter erhöht werden.

Das Team zog im Sommer 1942 zu einer letzten Runde ins *Met. Lab.* und traf dort mit einer anderen Gruppe unter Samuel K. Allison zusammen, die auch mit experimentellen Zwischenstufen beschäftigt war.

Man ging davon aus, daß der Erfolg in Reichweite lag und im wesentlichen von der Qualität der verwendeten Stoffe abhinge. Beispielsweise sollte Uran als reines Metall dem Oxid überlegen sein. Es erwies sich aber, daß dies reine Metall schwer in größeren Mengen herzustellen war; obwohl mehrere Hersteller daran arbeiteten, stand es erst im November zur Verfügung. Aber selbst dann reichte es nur für das Innere des Aufbaus, während für die äußeren Teile weiterhin das Oxid verwendet werden mußte. Zwischenresultate erbrachten $k=1,07$ für Gitter aus Metall und Graphit und $k=1,04$ und $1,03$ für hochreines Oxid mit Graphit in zwei Reinheitsgraden: die Aussichten waren vorzüglich.

Die Montage des kritischen Aufbaues begann, sobald das Metall verfügbar war. Die Anlage wurde auf einem alten Squash Platz unter einem Football-Stadion inmitten von Chicago errichtet, und nicht an einem entlegeneren Orte, der im *Argonne Forest* außerhalb der Stadt vorbereitet worden war, so daß das Experiment ohne Verzögerungen vorangetrieben werden konnte. Fermi versicherte allen Beteiligten, daß die Kettenreaktion nicht außer Kontrolle geraten würde, wobei seine Sicherheit auf der Kenntnis beruhte, daß ein kleinerer Teil der Neutronen nicht sofort nach der Spaltung auftritt, sondern mit einer Verzögerung von bis zu einer Minute oder mehr. Wenn jetzt also nur genug Neutronen für die Selbsterhaltung der Kette vorhanden sind, dann bilden diese verzögerten Neutronen den begrenzenden Faktor, der bestimmt, wie rasch die Ketten verzweigen und wie rasch die Zahl der Neutronen anwächst. Die Zunahmerate kann dann also Minuten oder sogar Stunden betragen, so daß reichlich Zeit für ein Eingreifen gegeben ist. Ein Regulierstab, der Neutronen absorbiert, kann in die Anordnung hineingeschoben werden, oder notfalls kann ein solcher Stab mithilfe der Schwerkraft von oben in die Anlage fallengelassen werden.

Aus dem Bericht über Fermis entscheidendes Experiment, der vier Jahre später bis in die Details hinein in lebendiger Frische vorgelegt wurde, seien im folgenden einige Höhepunkte herausgegriffen.

Am 2. Dezember war alles fertig (Abb. 12). Die Anlage war errichtet worden und war lediglich durch einen Regelstab in Schach gehalten, nämlich einem Holzstab, der mit einer Cadmiumfolie umwickelt war. Um 10:37 Uhr vormittags gab Fermi das Zeichen zum Herausziehen des Stabes um ein kleines Stück. Die Meßinstrumente zeigten eine Zunahme der Neutronenzahl an, die dann aber flacher wurde. Fermi machte deutlich, daß er genau dies

Kernsprengstoffe II: Produktion des Plutoniums

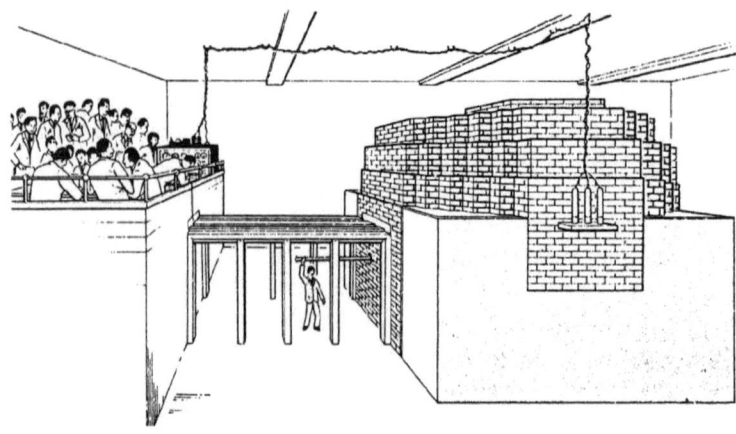

Abb. 12. CP-1, der erste Kernreaktor von Menschenhand. Der Aufbau besteht im wesentlichen aus einem Gitter von Uran und Graphit. Fermi steuerte das Experiment von der Empore aus. Der Mann am Boden zog einen Regelstab aus Cadmium schrittweise raus. Leute über dem Reaktor hielten Cadmiumsalzlösungen bereit, falls er außer Kontrolle geraten sollte

erwartet hatte. Den ganzen Tag über wurde der Stab Stück für Stück weiter herausgezogen, und jedesmal stieg die Neutronenzahl an, aber der Anstieg flachte jedesmal allmählich wieder ab. Um 3:25 Uhr nachmittags schließlich sagte Fermi „Zieh ihn noch um einen Fuß heraus. Dies wird ihn zum Laufen bringen. Jetzt wird er selbständig laufen. Die Linie wird ansteigen und immer weiter ansteigen. Sie wird nicht mehr abflachen." Die anwesenden Wissenschaftler und Techniker beobachteten während der folgenden achtundzwanzig Minuten den immer steileren Anstieg.

Um 3:53 Uhr nachmittags war der Beweis schlüssig und Fermi ordnete den Abbruch des Experiments an. Die Beteiligten stießen auf den Erfolg an, – in Stille und mit dem Zweifel, ob die Deutschen nicht schon als erste soweit gekommen waren.

Diese Vorführung war außerordentlich eindrucksvoll gewesen. Die anwesenden Ingenieure waren überzeugt, daß es sich hier nicht um verrückte wissenschaftliche Hirngespinste handelte, sondern um ein Gerät, das für eine präzise Steuerung geeignet war und das zur Weiterentwicklung übernommen werden konnte. Zu diesem Eindruck trug Fermis sicheres Auftreten bei, das er trotz seines wissenschaftlich umsichtigen Charakters bewahrte.

In seinem Buch *Atomic Quest* hat Compton das Verhalten von einigen Leuten, die dabei waren, in blumenreicher Sprache aufgezeichnet. Von dem

Kernsprengstoffe II: Produktion des Plutoniums

40jährigen Crawford H. Greenewald, der wenige Jahre später der Präsident des großen Unternehmens *du Pont* werden sollte, sagte er: „Seine Augen glühten. Er hatte ein Wunder gesehen." Im Gegensatz dazu stand Volney C. Wilson, ein junger, talentierter, nachdenklicher, idealistischer Physiker. Von ihm schreibt Compton:

> „Er gehörte zu jenen, die bis zum letzten Moment aufrichtig gehofft hatten, daß sich irgendetwas ergeben könnte, was den Ablauf der Kettenreaktion unmöglich machen würde. Die zerstörerische Kraft, die sie implizierte, war für ihn so beklemmend, daß es für ihn schwer war, mit ihr zu leben ... Aber Volney war ein guter Soldat. Er wußte, falls Atomwaffen herstellbar sind, mußten wir sicher gehen und sie unbedingt zuerst haben, ... dennoch spiegelte sein Mienenspiel seinen inneren Konflikt wieder."

Von sich selbst erwähnt Compton keine solchen Konflikte, kein Infragestellen der Zielrichtung des *Manhattan-Projects*.

Noch am gleichen Tag rief Compton Conant an. Um die Nachricht ohne Verletzung der Geheimhaltung durchzugeben, sagte er in den berühmt gewordenen Worten: „Jim, es wird Dich interessieren zu erfahren, daß der italienische Navigator soeben in der neuen Welt gelandet ist."

„Ist das so?" war Conants erregte Antwort. „Waren die Einheimischen nett zu ihm?"

„Alle landeten froh und glücklich", antwortete Compton.

An der *University of Chicago* befindet sich zur Erinnerung an den Erfolg dieser Arbeit eine Tafel. Sie sagt schlicht

> ON DECEMBER 2, 1942
> MAN ACHIEVED HERE
> THE FIRST SELF-SUSTAINING CHAIN REACTION
> AND THEREBY INITIATED THE
> CONTROLLED RELEASE OF NUCLEAR ENERGY

> (Am 2. Dezember 1942 gelang hier dem Menschen erstmals die sich selbsterhaltene Kettenreaktion, womit er die gesteuerte Freisetzung von Kernenergie einleitete.)

Der Reaktor, der hier gebaut worden war und *CP-1* genannt wurde, war für Fermi ein wunderbares neues Instrument. Niemand hatte vor ihm ein solches gehabt. Alle Arten interessanter Experimente ließen sich damit rasch realisieren. Es war wie in den berauschenden Tagen in Rom 1934, als die langsamen Neutronen erstmals beobachtet wurden.

Viel mußte an dem Reaktor selbst gelernt werden, Lehrstunden, die für die in Aussicht genommene große Plutoniumproduktion von unschätzbarem Wert waren. Beispielsweise konnte gezeigt werden, daß *CP-1* eine prinzipielle

Kernsprengstoffe II: Produktion des Plutoniums

Sicherheit besaß: Wenn er heiß wurde, schaltete er sich selbständig ab. Er konnte auch für Eignungstests künftiger Reaktormaterialien verwendet werden, wie etwa Proben von Graphit oder Uran, und zwar einfach dadurch, daß man sie in den Reaktor gab und ihren Einfluß auf die Neutronendichte beobachtete; dies ging viel schneller als mit den bisherigen Methoden.

Nach drei Monaten wurde *CP-1* abgebaut und als *CP-2* außerhalb von Chicago in einem neuen Gebäude wieder aufgebaut. Dies war der Anfang vom *Argonne National Laboratory*, das ganz wesentlich zur Kernwissenschaft beigetragen hat.

Im Vertrauen auf den Erfolg von *CP-1* hatte die Planung für die Plutoniumproduktion schon einige Monate früher begonnen. Ebenso wie bei der Arbeit mit dem ^{235}U war dieser sich überstürzende Vorgang erforderlich, wenn das Endprodukt rechtzeitig zur Stelle sein sollte.

Die Reaktoren für die Plutoniumproduktion mußten sehr viel komplexer sein als *CP-1*. Beispielsweise würden sie eine millionenfach größere Wärmemenge produzieren, so daß sie einer Kühlung bedurften. Außerdem mußten sie Vorrichtungen besitzen, mit deren Hilfe bei Bedarf Uranproben entnommen werden können, damit sie zur Extraktion des produzierten Gehalts an Plutonium an chemische Fabriken weitergeleitet werden können. All dies verlangte den Einsatz von Bauelementen, die dann aber Neutronen absorbieren würden; zur Kompensation mußte der Reaktor entsprechend größer ausgelegt werden. Das *Met.Lab.* war als erstes in der Welt mit derartigen Problemen konfrontiert.

Im Spätsommer 1942 gab es drei konkurrierende Reaktormodelle. Das *Engineering Council* im *Met.Lab.* verfolgte eine Heliumkühlung, Wigner schlug eine Wasserkühlung vor und Szilard war ein Befürworter von flüssigem Wismut, eine etwas exotische Wahl, die aber durchaus ihre Vorteile hatte. So verschieden die drei vorgeschlagenen Kühlmittel waren, so unterschiedlich waren auch die Konstruktionsvorschläge.

Parallel zu den Reaktorarbeiten beschäftigte sich Seaborgs Team im *Met.Lab.* mit der technischen Isolierung des Plutoniums aus dem Reaktoruran. Unter Verwendung ihrer winzigen Plutoniumspuren aus dem Zyklotron entwickelten sie mehrere mögliche Trennmethoden und wählten schließlich einen Vorschlag von Stanley G. Thompson aus, einem von Seaborgs Kollegen in Berkeley. (Es beruhte auf der chemischen Fällung von Wismutphosphat.)

Bis zu diesem Punkt war für die Forschung und Planung niemand besser qualifiziert als das *Met.Lab.* selbst, aber der Übergang zu großtechnischen Maßstäben war eine andere Sache. Conant beschwerte sich bei den Wissenschaftlern in Chicago, daß sie „mit Blasrohren Jagd auf Elephanten" machen würden. Um mit diesen *Elephanten* umzugehen, war das *Manhattan-Project* im Herbst 1942 gegründet worden. Zuerst waren Groves und das Heer dazugekommen, danach große Unternehmen aus der Industrie.

Kernsprengstoffe II: Produktion des Plutoniums

Der Druck von Groves brachte *du Pont* ins Spiel, die mit offenen Augen die Plutoniumproduktion übernahm. Charles Stine, einer der Vizepräsidenten, sagte seinen leitenden Mitarbeitern, daß die nationale Sicherheit vom Plutonium abhängt und er fuhr fort: „*Du Pont* sei das einzige Unternehmen, das diese Aufgabe erfüllen kann. Wir müssen es machen, selbst wenn unsere Firma daran zerbricht."

Während sowohl Groves als auch das Heer mit geringem Widerstand vom *Met. Lab.* akzeptiert wurden, – schließlich mußte man erwarten, in Kriegszeiten das Militär überall um sich zu haben, – lehnten einige von ihnen *du Pont* zutiefst ab. Der Argwohn der geflüchteten Wissenschaftler gegenüber der Großindustrie hatte im Labor schon mit zu dem Zornausbruch gegen die Firma *Stone and Webster* beigetragen. Nun fürchtete man der vielversprechenden Zukunft im Herzen des Plutoniumprogramms beraubt zu werden.

Andererseits war es für Compton, der die Verantwortung für den Erfolg des Vorhabens trug, „ein Vergnügen, jetzt mit der ersten Mannschaft der Nation zusammenzuarbeiten."

Du Pont mußte zunächst Pilotanlagen bauen, die einen Reaktor und eine chemische Trennanlage umfaßten, und danach die Produktionsanlagen. Das Gelände von *Oak Ridge* in Tennessee stand für die ersteren zur Verfügung, aber ein noch größeres Gelände in einem dünn besiedelten Gebiet erschien für die letzteren als notwendig. Die Suche führte im Dezember 1942 nach Hanford, im Nordwesten der USA, wo in einem Knie des Flusses Columbia 1600 km^2 einer Halbwüste geeignet erschienen.

Eine der ersten Entscheidungen, die *du Pont* machen mußte, war die zwischen den drei rivalisierenden Reaktoranlagen, wobei besonders Szilard an ihnen herumkritisierte, daß zuviel Zeit für diesen Entscheidungsprozeß verging. Aber es war eine schwierige Entscheidung, denn ein Fehler könnte viel Zeit kosten. Anfang 1943 trug schließlich Wigners Wasserkühlungssystem den Sieg davon. Die Anlage bestand aus einem Graphitklotz, durch den horizontale Aluminiumrohre liefen. Diese Rohre wurden mit Pfropfen aus Uranmetall in eingepaßten Aluminiumdosen ausgefüllt, und durch die engen Spalten zwischen den Innenwänden der Rohre und den Pfropfen sollte das Kühlwasser fließen. Nach einiger Zeit würde der Reaktor abgeschaltet und die Urandosen am Ende des Rohres herausgestoßen werden, wo sie in einen tiefen Wassertank fallen und bis zur chemischen Aufarbeitung gelagert werden sollten. Das Wasser in den Tanks würde das Personal vor der Strahlung aus den Dosen schützen.

Obwohl die grundlegenden Vorstellungen über diesen Reaktortyp aus dem *Met. Lab.* stammten, wurden die technischen Details in den Zentrallabors von *du Pont* in Wilmington/Delaware ausgearbeitet. Die Hauptaktivität verschob sich rasch nach Wilmington und in die Fabrikationsgebiete Oak Ridge und Hanford. „Ob die Wissenschaftler in Chicago damit zufrieden waren

Kernsprengstoffe II: Produktion des Plutoniums

oder nicht, das *Metallurgical Laboratory* war ein zwar tatkräftiges, aber dennoch klar untergeordnetes Anhängsel der *du Pont* Organisation". Wigner empfand dies so stark, daß er sogar seinen Rücktritt anbot, aber Compton brachte ihn dazu, statt dessen einen Monat Urlaub zu machen.

In dieser kritischen Phase lebte auch der Interessengegensatz beim schweren Wasser wieder auf. Gemeinsam mit der kanadischen Regierung war 1942 entschieden worden, es in Trail in British Columbia herzustellen. Dies erfolgte u. a. auf Ureys Betreiben hin, für den Fall, daß Graphit sich für den Moderator als unbrauchbar erweisen sollte. Auch *du Pont* war lebhaft an der Anwartschaft auf einen Schwerwasserreaktor interessiert und Groves hatte sie autorisiert, drei Fabriken für schweres Wasser in den U.S.A. zu bauen.

Compton sah sich dadurch in der Lage, seinen unzufriedenen Physikern für deren Energien ein neues Auslaßventil zu geben: die Gestaltung eines Schwerwasserreaktors. Fünfzehn Kilogramm dieses wertvollen Materials trafen aus Trail im späten Frühjahr 1943 bei Fermi ein, und beim Testen war er überglücklich als er feststellte, daß es fast keine Neutronen absorbierte. Die Begeisterung wuchs rasch und Urey, der zu diesem Zeitpunkt im Hinblick auf die Uranisotopentrennung durch die Gasdiffusion recht verzagt war, sah im Schwerwasserreaktor die letzte Hoffnung für die Bombe.

Die Wissenschaftler hatten von *du Pont* inzwischen den Eindruck, daß man sich dort hilflos in der eigenen Bürokratie verheddert hatte. Sie konnten nicht verstehen, warum die Planung für den wassergekühlten Graphitreaktor so lange dauerte. Die Planungsweise von *du Pont* schien ihnen überorganisiert und zu konservativ im Hinblick auf die dringende Notwendigkeit, Plutonium so bald als möglich zur Verfügung zu stellen.

Die Lage drohte sich zu einem noch stärkeren Ausbruch zuzuspitzen. Um dieser Gefahr vorzubeugen, bat Groves eine besondere Kommission um einen Bericht, der im August 1943 vorgelegt wurde. Die Befürchtungen wurden zerstreut und ein begrenztes Schwerwasserprogramm wurde befürwortet, inklusive des Baus eines experimentellen Schwerwasserreaktors namens *CP-3* auf dem Argonnegelände vom *Met. Lab.* Aber die Hauptrichtung des Atombombenprogramms wurde nicht geändert, und der Schwerwasserreaktor gehörte nicht dazu. Abgesehen von allen anderen Umständen hätte die Herstellung größerer Mengen von schwerem Wasser zu viel Zeit gekostet.

Während dieser Stürme kamen die Chemiker in ruhigeren Gewässern gut voran. Seaborg und seine Leute teilten die Vorbehalte der Flüchtlinge gegenüber den großen Firmen nicht und kamen mit ihren Partnern bei *du Pont* von Anfang an gut zurecht. Außerdem waren ihre entsprechenden Aufgaben klar und selbstverständlich vorgegeben und die chemischen Aufgaben für das *Met. Lab.* waren neuartig und interessant. Außerdem scheint es tatsächlich so zu sein, daß Chemiker von ihrer Veranlagung her pragmatischer sind als Physiker und weniger zu Zerwürfnissen über Prinzipielles neigen.

Kernsprengstoffe II: Produktion des Plutoniums

Du Pont baute die Versuchsanlagen in Oak Ridge während des Jahres 1943. Sie waren so klein und einfach wie dies zum Nachweis für den Plutoniumproduktionsprozeß sowie für die Herstellung hinreichender Mengen des neuen Elements möglich war. Der Reaktor war für die Erzeugung von einem Megawatt Wärmeenergie ausgelegt (entsprechend etwa tausend elektrischen Haushaltsheizöfen), was einer täglichen Erzeugung von etwa einem Gramm Plutonium entsprach. Verbesserungen steigerten diese Raten später um ein Mehrfaches.

Die Erzeugung von einem Megawatt Wärme in der gesamten Anlage bedeutete eine nur relativ geringe Erwärmung, so daß Luft statt Wasser für die Kühlung verwendet werden konnte. Die Probleme mit der Korrosion und der Wärmeleitung, die in den großen wassergekühlten Reaktoren in Hanford groß sein würden, waren hier relativ einfach zu bewältigen, obwohl sich das Eindosen der Uranpfropfen in den Aluminiumhüllen als verzwickt erwies.

Der Oak Ridge Reaktor wurde am 4. November 1943 in Betrieb genommen und lief von Anfang an erfolgreich und problemlos. Nach einigen Betriebswochen wurden die ersten Uranpfropfen entnommen und am 20. Dezember in die chemische Fabrik überführt.

Diese Fabrik war anders als alle zuvor gebauten, denn man mußte dort mit einer beispiellos großen Strahlenintensität umgehen. Dicke Abschirmwände waren erforderlich und die Chemie mußte von den Außenseiten her betrieben werden. Im Prinzip bestand die Anlage aus einer *Schlucht*, einer Zeile von sechs schweren Betonkammern, die zu ⅔ im Boden versenkt waren. In jeder Kammer wurde eine Verfahrensstufe ausgeführt und das Material danach in die nächste Kammer überführt. Alles mußte mit Fernbedienung ausgeführt werden. Zum Schluß wurde hinreichend reines Plutonium zur weiteren Behandlung in normalen Laboratorien erhalten, aber auch dort gab es strenge Sicherheitsvorkehrungen gegen die Aufnahme in den Körper. Trotz der absoluten Novität der Technologie sowie des Umstandes, daß die Chemie an mikroskopisch kleinen Proben ausgeführt werden mußte, war die chemische Fabrik ebenso erfolgreich wie der luftgekühlte Reaktor. Bis zum März 1944 waren einige Gramm Plutonium hergestellt worden.

Die Einrichtungen von Oak Ridge lieferten die Kenntnisse und Erfahrungen für die Großanlagen in Hanford. Der für dort ursprünglich vorgesehene Bau von sechs Reaktoren und acht chemischen Trennanlagen wurde später auf je drei reduziert. Im Vergleich zu dem einen Megawatt in Oak Ridge waren diese Reaktoren für eine Leistung von je zweihundert Megawatt geplant und benötigten Wasserkühlung. Außerdem gab es in Hanford eine Fabrik für die Herstellung der Uranpfropfen. Aus Sicherheitsgründen lagen die Fabriken viele Kilometer voneinander entfernt.

Die Vor- und Bauarbeiten im Hanford-Gelände begannen im Sommer 1943, wurden im ganzen Jahr 1944 fortgeführt und dauerten bis 1945. Unter

Kernsprengstoffe II: Produktion des Plutoniums

der wirkungsvollen Organisation des Heeres und der Firma *du Pont* kamen die Arbeiten unaufhaltsam voran. Es handelte sich um ein ungeheuer großes Vorhaben; zu einer bestimmten Zeit lebten nicht weniger als 55 000 Leute in Baracken und Wohnwagen auf der Baustelle. Die Tafel 12 zeigt einen kleinen Ausschnitt dieses Geländes während der Bauperiode.

Es gab viele technische Probleme, die der Mithilfe des *Met. Lab.* bedurften, nicht zuletzt das Eindosen der Uranpfropfen. Dieses Problem war hier schwieriger als in Oak Ridge, weil die Dosen dem Wasser statt der Luft standhalten und einen viel größeren Wärmetransport zum Kühlmittel erlauben mußten. Man befürchtete auch, daß eine einzige fehlerhafte Dose einen ganzen Reaktor betriebsunfähig machen könnte. Henry S. Smyth erinnert sich, daß er bei seinen regelmäßigen Besuchen in Chicago „aus der Atmosphäre der Melancholie oder der Freude, die er in den Labors vorfand, in etwa den Fortschritt des Dosenproblems erkennen konnte". Die Frage wurde für den ersten Hanford-Reaktor gerade noch rechtzeitig gelöst. Am 13. September 1944 zogen die Bauarbeiter aus und das Bedienungspersonal ein, um die Pfropfen in den ersten Reaktor einzuschieben. Wie annähernd zwei Jahre zuvor in Chicago hatte Fermi wieder die Leitung. In den ersten Tagen lief alles programmgemäß; der Reaktor verhielt sich beim Einschieben der Pfropfen und Herausziehen der Regelstäbe bemerkenswert genau an die Berechnung. Um 2 Uhr nachts wurde am 27. September die höchste bis dahin überhaupt erzielte Leistung erreicht.

Eine Stunde später sackte die Leistung aus einem unerklärlichen Grunde und zur Verwunderung des Bedienungspersonals etwas ab. Diese Abnahme setzte sich den ganzen Tag über weiter fort und um 18,30 Uhr hatte sich der Reaktor von allein abgeschaltet. Am nächsten Tag hatte er sich zwar wieder erholt, aber als die Leistung erhöht wurde, schaltete er sich wieder ab. Ein derartiger Vorgang war weder in Chicago noch in Oak Ridge beobachtet worden.

Die Erklärung für diesen beunruhigenden, neuen Vorgang wurde überraschend schnell gefunden. Die Physiker hatten bereits darüber nachgedacht, welchen Einfluß die große Anzahl von Spaltprodukten auf den Neutronenhaushalt der Anlage haben könnte und dabei erwartet, daß das Auftreten eines starken Neutronenabsorbers die Neutronenkettenreaktion beeinflussen könnte. Mit dieser Idee im Hinterkopf analysierten sie also jetzt das Verhalten des Hanford-Reaktors. Entscheidend war dabei die Tatsache, daß sich der Reaktor wieder erholte, was darauf hinwies, daß eine eventuell verantwortliche, Neutronen absorbierende Spezies nach etwa einem Tag wieder verschwunden sein mußte. Eine Durchsicht der Informationen über radioaktive Zerfallsprodukte führte zum Xenonisotop 135, dessen Halbwertszeit 9,5 Stunden beträgt, was genau der Zeit entsprach, in der sich der Reaktor wieder erholte.

Kernsprengstoffe II: Produktion des Plutoniums

Diese Erkenntnis wurde in nur zwei Tagen gewonnen. Greenewalt (von *du Pont*) gab die Nachricht aus Hanford telephonisch zum *Met. Lab.* gerade zu der Zeit durch, als man sich dort zum Heimgehen anschickte. Der für *Argonne* verantwortliche Walter H. Zinn hielt seine Wissenschaftler zurück, damit sie den Hanford-Effekt am eigenen *CP-3* Reaktor reproduzierten. Als sie ihn bei hoher Leistung längere Zeiten laufen ließen, konnten sie die Beobachtungen von Hanford bestätigen. Damit war *CP-3,* - der ursprünglich mindestens zum Teil auch wegen des Streits der Chicagoer Physiker gebaut worden war, - auch für das eigentliche Projekt noch von Nutzen.

Während die Diagnose Sache der Physiker war, lag die Entscheidung für die Therapie trotz der zähneknirschenden Wissenschaftler bei den Technikern von *du Pont*. Mit einer Vorsicht, die aus Industrieerfahrungen geboren war, hatten sie „für den Fall der Fälle" auf einer viel größeren Dimensionierung der Hanford-Reaktoren bestanden als rational gerechtfertigt gewesen war. Es gab deshalb Platz für noch viel mehr Uranpfropfen und genau das brauchte man jetzt, um der Xenonvergiftung entgegenzuwirken. Also löste sich die Krise ebenso rasch wie sie gekommen war.

Trotzdem bedeuteten die Untersuchung und Überwindung dieser Krise eine Zeitverzögerung. Die Wiederaufnahme des Reaktorbetriebes bei voller Leistung stellte ein schwierigeres Geschäft als erwartet dar, das bis zum Jahreswechsel andauerte. In dieser Zeit lief dann auch der zweite Reaktor, und der dritte stand nicht weit zurück.

Die erste der chemischen Großanlagen war in etwa gerade fertig geworden, als die ersten Pfropfen dem Reaktor zur Weiterverarbeitung entnommen worden waren. Sie war der Pilot-Anlage nachgebaut worden, nur viel umfangreicher. Von außen sah sie wie ein 250 Meter langer Betonklotz aus. Innen standen vierzig große Betonkammern in einer Reihe und entlang der ganzen Wände des Gebäudes verliefen Galerien für die Bedienung. Die Anlage selbst war ein Labyrinth von Behältern, Zentrifugen, Rohren etc., die aus einer besonderen Art von rostfreiem Stahl hergestellt worden waren. Ebenso wie in Oak Ridge mußten alle Stufen des Verfahrens von Fernsteuerungspulten aus hinter den Betonwänden ausgeführt werden. Allein die Schulung des Bedienungspersonals für eine derartig ungewöhnliche Anlage war eine gigantische Aufgabe gewesen.

Nach seiner Extraktion wurde das Plutonium zur endgültigen Reinigung und zur Überführung in einen für den Transport geeigneten Zustand (festes Plutoniumnitrat) in zwei kleinere Gebäude geleitet. Noch vor Ende Januar 1945 fing das neue Element an, in wachsenden Mengen aus den Herstellungsgebäuden zu fließen. Bis zum Sommer 1945 waren einige Kilogramm hergestellt worden, also genug für eine Versuchsexplosion und für die Bombe von Nagasaki.

Kernsprengstoffe II: Produktion des Plutoniums

Im Herbst 1942 hatte *du Pont* seinen Auftrag übernommen. Kaum mehr als ein Jahr später funktionierte die von ihnen gebaute Pilotanlage in Oak Ridge und produzierte Plutonium, und wiederum kaum mehr als ein Jahr später war die große Anlage in Hanford bereit. Ein nach allen Regeln bewundernswürdiges Tempo. Unter Berücksichtigung der Neuartigkeit der Technologie, des Ausmaß der Arbeiten und der kriegsbedingten Engpässe, war es phantastisch.

10 Die Atombombentechnologie wird entwickelt

Wieviel ^{235}U oder Plutonium braucht man für eine Bombe? Welche Zerstörung wird sie bewirken?

Das waren lebenswichtige, anwendungsorientierte Fragen, aber zu Beginn des *Manhattan-Projekts* waren die Antworten vage und so sollte es noch eine ganze Zeit bleiben.

Die Briten hatten in ihrem *MAUD Report* über die Atombombe die Menge ^{235}U vorläufig geschätzt: 10 kg ^{235}U, wovon etwa 2% an der Explosion teilhaben und damit die Energie von 3600 Tonnen TNT freisetzen sollten, aber nur etwa die halbe zerstörende Wirkung[1] entwickeln würde (Anm. des Übers.: Ein Teil davon als zusätzliche Strahlungsleistung).

Um diese Abschätzungen zu untermauern, waren Zahlenwerte für Reaktionen von Kernen mit schnellen Neutronen erforderlich, ähnlich denen, wie Fermi sie für langsame Neutronen mit seinem Uran/Graphitreaktor erarbeitet hatte. Messungen mit schnellen Neutronen waren zwar 1940/1941 in Cambridge und Liverpool, im Rahmen des *MAUD*-Programms, und etwas später in mehreren amerikanischen Universitäten ausgeführt worden, dabei waren aber erhebliche Widersprüche aufgetreten, so daß es nicht einfach war, einen verläßlichen Datensatz zusammenzustellen. Eine der Schwierigkeiten lag darin, daß erst ab 1944 in Oak Ridge hinreichende Probenmengen von angereichertem Uran und von Plutonium zur Verfügung standen.

Noch schwerer war es, die Effektivität der Bombe abzuschätzen. Im *MAUD Report* waren 2% angenommen worden, aber 1941/42 wurden Werte bis zu 10% diskutiert. Was also getan werden mußte, war exakt auszuarbeiten, was in dem Bruchteil einer Sekunde vor sich geht, in dem die überkritische Menge zusammenkommt und explodiert; insbesondere mußte das Verhalten der Neutronen genau bekannt sein. Hierzu mußte man sich fast ausschließlich auf theoretische Berechnungen stützen.

Experimente kleineren Maßstabes haben hier keine Chance, denn unterhalb der kritischen Masse kann keine Explosion herbeigeführt werden; Versuchsexplosionen verlangen notwendigerweise die ganze Masse.

In der USA war die Verantwortung für die eigentlichen Waffensysteme

---

[1] Die „Brisanz" der Atombombenexplosion unterscheidet sich von der einer Sprengung, z. B. mit TNT.

Die Atombombentechnologie wird entwickelt

ursprünglich Compton zugewiesen worden. Von Lawrence wurde für diesen Teil der Arbeit ein relativ junger theoretischer Physiker nachdrücklich empfohlen, nämlich J. Robert Oppenheimer, dem Compton im Mai 1942 die Leitung einer kleinen Arbeitsgruppe im *Met. Lab.* übertrug. Diese Aufgabe wurde damals nicht als beträchtlich angesehen; Optimisten sprachen von einer dreimonatigen Arbeit für zwanzig Physiker.

Oppenheimer besaß in Berkeley noch ein schlagkräftiges Team, das über die Theorie von Kernexplosionen arbeitete und zu dem auch Edward Teller gehörte, ein weiterer imponierender Ungar. Dieses Team entwickelte eine überraschende, neue Idee. Als Kernphysiker kannten sie die Tatsache, daß Energie nicht nur durch die Spaltung sehr großer Kerne, sondern auch bei der Verschmelzung (Fusion) sehr kleiner Kerne miteinander freigesetzt werden kann, vor allem bei der Fusion der Kerne der Wasserstoffisotope. Sie erkannten, daß in Materialien, die solche leichten Kerne enthalten und die auf sehr hohe Temperaturen erhitzt werden, wie sie im Inneren der Sonne herrschen, die Fusionsreaktion stattfinden könnte. Und sie erkannten außerdem, daß solche hohen Temperaturen mithilfe von Atombomben erzielt werden können. Damit war die Idee der Wasserstoffbombe oder Superbombe, wie sie auch genannt wurde, geboren, die noch viel stärker als die Atombombe sein würde.

Die Arbeit über die Superbombe mußte warten, aber Tellers Vorstellung, daß die Explosion einer Atombombe die Fusion des Wasserstoffs im Wasserdampf der umgebenden Atmosphäre oder im Wasser der Ozeane hervorrufen könnte, erheischte sofortige Beachtung. Die ganze Sache könnte mit unvorstellbarer Gewalt explodieren und unsere Welt in die Luft sprengen. Solange diese Möglichkeit nicht mit Sicherheit ausgeschlossen war, konnte keine Atombombe gezündet werden.

Deshalb wurde die Aufnahme von Untersuchungen über die Kernfusion in das Programm erforderlich, was sich später in der Entwicklung der Wasserstoffbombe bezahlt machte. Während des Krieges war die Entwicklung jedoch stets auf die Spaltungsbombe ausgerichtet, was sowieso eine Vorbedingung für die Wasserstoffbombe ist.

Als Oppenheimer begann, sich mit dem ihm zugewiesenen Auftrag herumzuschlagen, wurden ihm dessen vielschichtige Schwierigkeiten erst richtig gewahr. Damals, in jenem ersten Sommer 1942, erwies sich allein das koordinieren der über die ganzen USA verstreuten Untersuchungen über schnelle Neutronen und verwandte Gebiete als eine hektische Aufgabe. Die selbstverständliche Lösung dafür lag nach Oppenheimers Vorstellungen in einem Speziallabor für die Waffenentwicklung mit etwa 30 Wissenschaftlern, zumeist Physikern, die dort eng zusammenarbeiten könnten.

Im Frühherbst wandte er sich mit dieser Vorstellung an Groves, dem sie sofort einleuchtete. Sie implizierte, daß der sensibelste Teil des *Manhattan-*

Die Atombombentechnologie wird entwickelt

Projects für sich isoliert werden könnte, so daß die Geheimhaltung besonders gut gewährleistet war. Außerdem stellte sich Groves für dieses vorgeschlagene Institut weitergehende Aufgaben vor. Nicht nur die Forschung, sondern auch die Planung und Produktion der Bombe ebenso wie die Durchführung der Testexplosionen könnten dort ausgeführt werden.

Der Standort, Los Alamos in den südlichen Rocky Mountains, wurde im November 1942 ausgewählt. Er liegt in einer fremdartigen, einsamen Region erloschener Vulkane, die Oppenheimer in seiner Jugend kennen und lieben gelernt hatte. Von Norden nach Süden verlaufende Canyons teilen das Gebiet in voneinander getrennte Streifen auf, flache Tafelberge, die *Mesas* genannt werden. Steile Felshänge machen die Mesas, von einigen begrenzten Aufstiegen abgesehen, schwer zugänglich. Der nächste größere Ort, Santa Fe, ist etwa 50 km entfernt. Für Groves erschien Los Alamos ideal.

Wer sollte der Direktor des neuen Labors werden? Oppenheimer, der relativ unerfahrene Theoretiker? Oder jemand mit praktischer Erfahrung oder größerem Ansehen, etwa ein Nobelpreisträger? Außerdem hatte Oppenheimer linke Ideen unterstützt und sowohl seine Frau als auch sein Bruder waren einmal Mitglieder der Kommunistischen Partei gewesen. Aber selbst nach mehreren Wochen konnte niemand Groves eine bessere Wahl anbieten, außer man hätte Lawrence oder Compton von ihren unbedingt notwendigen Aufgaben abgezogen. Oppenheimer erzielte brillante Erfolge und im Nachhinein erscheinen seine Beiträge als unverzichtbar. John H. Manley, einer seiner ersten Assistenten schrieb über „die erstaunlich rasche Verwandlung des Theoretikers Robert Oppenheimer in einen höchst effektiven Betriebsleiter und Verwalter." Für viele wurde *Oppie* eine charismatische Gestalt.

Aber es schwebte ein Fragezeichen über ihm. Immer, wenn er Los Alamos verließ, beschatteten ihn Sicherheitsdienste während des ganzen Jahres 1943. Am 12. Juni beobachteten sie, daß er seine frühere Freundin, die bekannte Kommunistin Jean Tatlock besuchte und bei ihr über Nacht blieb. Am 12. September verweigerte er in einem Verhör zu einem früheren Spionageversuch in Berkeley konkrete Aussagen. Alles in allem bildete ihr Oppenheimer-Dossier das klassische Beispiel eines Sicherheitsrisikos.

Trotz allem hielt der sonst so sehr auf Sicherheit bedachte Groves an Oppenheimer fest, erklärte, daß er absolut unersetzlich sei, und gab ihn auch nicht her, als später noch weitere Verdächtigungen auftauchten. Groves zweifelte nie an Oppenheimers vaterländischer Gesinnung. Auch wenn es Groves nicht gewußt haben mag, so hätte Oppenheimer es schon deshalb nie versucht, amerikanische Geheimnisse der UdSSR zukommen zu lassen, weil er aus Diskussionen mit Plączek und anderen befreundeten Physikern, die in jenem Staat gelebt hatten, wußte, daß dort Terror und Leiden herrschten.

Während dieser Zeit wurde das *Los Alamos Labor* gebaut und eingerichtet. Im Frühjahr 1943 wurde ein anfängliches Programm in Umrissen entworfen.

Die Atombombentechnologie wird entwickelt

Abgesehen von der Physik der schnellen Neutronen und den Untersuchungen über den Explosionsvorgang mußten die Methoden der Herstellung des eigentlichen Sprengstoffs, vermutlich in metallischer Form, sowie die Konstruktion der Bombe selbst erarbeitet werden. Das bedeutete umfangreiche chemische, metallurgische und waffentechnische Arbeiten, - viel mehr, als die Physiker sich ursprünglich vorgestellt hatten. Vor allem waren Untersuchungen über Plutonium erforderlich, seine Reinigung, seine Überführung in den metallischen Zustand, seine Eigenschaften als Metall und dessen Bearbeitung. Durch die außergewöhnliche Toxizität dieses neuen Elements wurden diese Aufgaben noch erschwert; oft mußten besondere, teilweise umständliche Arbeitsmethoden erfunden werden. Außerdem wurden sowohl ^{235}U als auch Plutonium lange Zeit nur in sehr geringen Mengen angeliefert, so daß sie nach der Ausführung eines Experiments gewissenhaft für die Wiederverwendung zurückgewonnen werden mußten.

Aus den weiter oben genannten Gründen wurde in kleinerem Maßstab auch das Wasserstoffbombenprojekt weitergeführt.

Die Laboratorien, Werkstätten und Büros wurden mit der durch den Krieg bedingten Eile auf der Los Alamos Mesa gebaut, auf einer benachbarten Mesa ein eigenes Gemeinwesen mit Wohnhäusern, Geschäften, Kinos, Schulen und Kirchen. Stacheldraht zäunte das ganze Gebiet und darinnen noch einmal die „Technischen Anlagen" ab. Nicht nur die Wissenschaftler, sondern auch ihre Familienangehörigen waren bezüglich ihrer Reisen, ihrer Post und ihrer Kontakte nach draußen strengen Beschränkungen unterworfen.

Genau wegen dieser technischen Sicherheitsmaßnahmen setzte sich Oppenheimer für eine weitestgehende Diskussionsfreiheit hinter dem Stacheldraht ein, der Groves zustimmte, - im Hinblick auf die Neuartigkeit der Situation ein wichtiges Zugeständnis, das er später als einen Fehler ansah. Groves verzichtete auch darauf, das Gebiet zu einem rein militärischen Gebiet zu erklären, in dem jedermann Uniform trägt, weil es sich als unmöglich erwies, unter dieser Voraussetzung all jene Wissenschaftler zu gewinnen, die Oppenheimer haben wollte. Einer der angeworbenen, nämlich Robert F. Bacher, verband seine Zusage mit einer Absage für den Tag, an dem das Labor eine militärische Einrichtung werden würde.

Diese Anwerbungen waren in jedem Einzelfall eine schwierige Sache. Oppenheimer mußte seine Leute aus wichtigen Positionen herausholen, ohne aber in der Lage zu sein, ihnen ihre Aufgaben in Los Alamos genauer zu umreißen. Die benötigte Anzahl wuchs beständig und bei Kriegsende lebten dort 6000 Leute. Dazu gehörten einige der größten mathematischen und physikalischen Köpfe der Welt. Wie in den anderen Kernanlagen auch wurden mehrere Schlüsselstellungen von Leuten eingenommen, die aus Europa ausgewandert waren, z.B. leitete Hans A. Bethe aus Deutschland die wichtige theoretische Abteilung und Teller war dabei, der *Vater der Wasserstoffbombe* zu werden. Ein Gastwissenschaftler sprach von der *einzigartig intellektuellen Atmosphäre* in Los Alamos.

Gemäß dem Quebec-Abkommen von 1943 gab es auch einen kleinen Zustrom britischer Wissenschaftler, alles Spitzenleute, einschließlich Peierls und Frisch. Groves nahm sie in sein *Allerheiligstes* auf, weil sie helfen konnten, die Arbeit zu beschleunigen, und ihr Beitrag übertraf ihren zahlenmäßigen Anteil bei weitem. Aber auch der deutsche Flüchtling Klaus Fuchs[2] gehörte dazu. Er und der Amerikaner David Greenglass sollten die Geheimnisse von Los Alamos an die UdSSR verraten. Fuchs hatte sich als Student in Deutschland Anfang der 30er Jahre dem Kommunismus zugewandt, und zwar weitgehend in Anbetracht der Leiden seiner Familie unter den Nazis. Er war ein hochbefähigter mathematischer Physiker und war 1941 in Birmingham zu Peierls gestoßen, wo er unter dem Schutz eines anscheinend ruhigen, untadeligen Lebenswandels ein Jahr später anfing, Informationen in die UdSSR weiterzugeben.

Als Fuchs nach Los Alamos geschickt wurde, wollte er aus verschiedenen Gründen seine Verbindung zum sowjetischen Spionagering fallen lassen. Sein Verbindungsmann, Harry Gold, ein naturalisierter Amerikaner, unternahm krampfhafte Anstrengungen, ihn aufzuspüren und schließlich trieb er ihn Anfang 1945 auf, als Fuchs seine Schwester in Cambridge (Massachusetts) besuchte. Fuchs fertigte danach für Gold einen umfangreichen Bericht über die Arbeiten in Los Alamos an und händigte ihm später Unterlagen über die Plutoniumbombe und über die in New Mexico bevorstehenden Tests aus.

Groves hat später niedergeschrieben, „nach der Aufdeckung von Fuchs' Status habe ich nicht mehr daran geglaubt, daß die Briten überhaupt irgendwelche Überprüfungen vornahmen", aber diese Anschuldigung war gar nicht gerechtfertigt. Die britischen Sicherheitsdienste hatten Fuchs zunächst nur eine begrenzte Genehmigung erteilt, weil ihnen sein kommunistisches Umfeld mitgeteilt worden war; polizeiliche Nachforschungen hatten aber nach seiner Ankunft in Großbritannien nichts Verdächtiges mehr aufgedeckt, so daß er bald darauf das volle Vertrauen erhielt und naturalisiert wurde, denn man benötigte ihn dringend.

---

[2] Anm. d. Übers.: Der deutsche Atomspion Klaus Fuchs kam im Sommer 1941 zum britischen Atomprojekt (s. u. Kap. 13 ff.), entschloß sich aber bereits im Juni 1941, nach Hitlers Einmarsch in die Sowjet-Union, die sowjetischen Behörden über die britischen Arbeiten für Atombomben zu informieren, und zwar sowohl über die politischen Atomwaffenpläne der Briten und Amerikaner, als auch über Details für den Aufbau von Gasdiffusions-Isotopentrennanlagen, so daß Stalin bereits 1942 mit dem sowjetischen Atomprojekt startete. Von Dezember 1943 bis Juni 1946 war Fuchs Mitglied des britischen Teams beim *Manhattan-Project* (R. C. Williams: Klaus Fuchs, Atomic Spy, Harvard Univ. Press, Cambridge (Mass.) 1987; ISBN 0-674-50507-7).

Die Atombombentechnologie wird entwickelt

Ebenso wie im Fall Oppenheimer hatten die nationalen Interessen, so wie sie damals verstanden wurden, über die Sicherheitsbefürchtungen obsiegt. Was die Verantwortlichen nicht wußten, war, daß die Leidenschaft noch brannte, die Fuchs zu einem Kommunisten gemacht hatten, was logischerweise dazu führte, daß er die Russen alles wissen ließ, was er über die kernphysikalischen Arbeiten wußte. Im Gegensatz zu Oppenheimer war Fuchs noch nicht durch die UdSSR desillusioniert; das passierte erst nach dem Krieg, und trug zu seiner Aufdeckung und Festnahme bei, worüber in einem späteren Kapitel berichtet wird.

Zum britischen Team gehörte auch Niels Bohr, der seine Identität vor der Außenwelt hinter dem Pseudonym Nicholas Baker verbarg. Nachdem er 1943 in einem Fischerboot aus Dänemark entkommen war, besuchte er Los Alamos mehrmals für längere Zeit. Er war einer der vielen, die von Ferdinand Duckwitz, einem mutigen Angehörigen der deutschen Botschaft in Kopenhagen vor der drohenden Deportation der Juden gewarnt worden war.

In Los Alamos war jeder auf seine Ratschläge begierig. Die Wissenschaftler waren sich dort genau darüber im Klaren, daß sie nur auf der Theorie aufbauten, also ohne Testexplosionen zur praktischen Nachprüfung ihrer Ergebnisse. Wegen seines tiefen Verständnisses für die Physik war Bohr dazu ausersehen, mit ihnen über ihre Argumente zu diskutieren und ihren eventuellen Irrtümern und Fehlern nachzuspüren.

Zu jener Zeit war er einer der wenigen, die anfingen, über die Nachkriegszeit nachzudenken und über die Probleme, die die Atombombe in den Jahren danach schaffen würde. Als er einmal nach den Aussichten des *Manhattan-Projects* gefragt wurde, antwortete er: „Es wird natürlich Erfolg haben. Aber was dann?"

Er schöpfte Hoffnung aus dem Umstand, daß ein voll entfesselter Atomkrieg nahezu unfaßbar zerstörerisch sein würde. Er vertraute darauf, daß aus diesem Grunde eine neue Ära größerer Offenheit zwischen den Nationen beginnen könnte. Das Überleben würde davon abhängen.

Bohr diskutierte diese Vorstellungen mit Roosevelt, Bush, Lord Halifax, Lord Cherwell und anderen, von denen die meisten mit ihm übereinstimmten. Für Churchill waren Bohrs Ansichten jedoch ein verworrener Idealismus, und zwar vor allem sein Vorschlag, daß Amerika und Großbritannien einen ersten Schritt in dieser Offenheit tun sollten und Rußland vor der ersten Kernexplosion in Kenntnis setzen sollten. Er war nur schwer davon abzubringen, Bohr als ein großes Sicherheitsrisiko zu behandeln.

Während Bohrs Vorstellungen den politischen Folgen vorauseilten, hatte Los Alamos immer noch technische Probleme zu lösen. Manchmal drohten sie das ganze Vorhaben zunichte zu machen und Oak Ridge und Hanford in gewaltige Fehlinvestitionen zu verwandeln. Man stelle sich etwa vor, daß zwischen dem Einfang eines primären Neutrons und der Abgabe der sekundä-

Die Atombombentechnologie wird entwickelt

ren Spaltungsneutronen eine kleine Zeitverzögerung auftritt. Dann würden ähnliche Verzögerungen auch zwischen den weiteren Schritten der Kettenreaktionen erfolgen, so daß sich die ganze Reaktion zu langsam entwickelt, um trotz der schnellen Neutronen in eine wirkungsvolle Explosion zu münden. (Mit langsamen Neutronen entwickeln sich die Ketten sowieso zu langsam, weil die Neutronen für ihren Weg von einem Uranatom zum nächsten zu viel Zeit verbrauchen wie oben bereits dargelegt wurde.) Diese Unsicherheit wurde im November 1943 durch Zyklotronexperimente ausgeräumt, wonach diese zeitlichen Zwischenräume hinreichend kurz sind und deshalb keine Rolle spielen. Weitere Zweifel konzentrierten sich auf die Frage einer vorzeitigen Explosion. Im *MAUD-Report* war ja schon erkannt worden, daß eine vorzeitige Explosion in der Bombe eher zu einem Verpuffen als zu einer Explosion führen werde, und zwar als Folge einer zu großen Anzahl zufälliger Neutronen oder einer zu langsamen Zusammenführung der überkritischen Masse oder von beiden Effekten gemeinsam.

Unkontrollierte Neutronenquellen können durch chemische Verunreinigungen entstehen. Diese treten nicht selbständig als Neutronenquellen auf, aber in Gegenwart von Uran oder Plutonium können sie sich derart verhalten. Die tolerierbaren Mengen solcher Verunreinigungen sind sehr klein, so daß Kernsprengstoffe, vor allem Plutonium sehr hoch gereinigt werden müssen und sich Los Alamos plötzlich in der Rolle einer chemischen Fabrik sah, die diese notwendigen Reinigungsarbeiten ausführen mußte.

Keine noch so gute Reinigung kann jedoch die Neutronen, die von Uran oder Plutonium selbst stammen, entfernen; wie aus dem *MAUD-Report* hervorgeht, erfolgt diese Neutronenerzeugung bei der sogenannten spontanen Kernspaltung (Kap.6). Aber auch hierzu gab es Überraschungen. So fand Segrè in Los Alamos beim ^{235}U eine höhere Spaltungsrate und damit auch mehr Neutronen als in Berkeley. Dies wurde bald darauf als ein Höhenstrahlungseffekt gedeutet, denn die Intensität der Höhenstrahlung (Anm. d. Übers.: das ist die hochenergetische Strahlung aus dem Weltall) ist in Los Alamos in 2400 m Höhe größer (als in Berkeley, das praktisch in Meereshöhe liegt, Anm. d. Übers.). Wenn die Kernspaltung aber z.T. auf die Höhenstrahlung zurückzuführen ist, dann ist die spontane Spaltung geringer als angenommen, was sich ermutigend auswirkte.

Im Falle des Plutoniums gab es noch eine weitere, weniger erfreuliche Überraschung. Als Segrè begann, das Material vom Experimentierreaktor in Oak-Ridge zu untersuchen, fand er eine unerwartet hohe spontane Zerfallsrate. Seaborg hatte schon davor gewarnt, daß dies passieren könne. Er hatte nämlich vorausgesehen, daß zusätzlich zu dem bisher untersuchten Isotop ^{239}Pu im Reaktor auch noch das weitere Isotop ^{240}Pu entstehen würde und daß dieses Isotop leicht spontan zerfallen könnte. Segrès Ergebnisse standen im Einklang mit dieser Annahme.

Die Atombombentechnologie wird entwickelt

Besorgniserregend war, daß der Anteil an ^{240}Pu in dem in Hanford für die Bombe produzierten Plutonium noch größer sein würde. Das Uran wurde, um mehr Plutonium zu gewinnen, in Hanford ganz wesentlich stärker als in Oak Ridge bestrahlt, was aber natürlich bedeutete, daß das Plutonium selbst mehr Neutronen einfing, so daß ein größerer Teil des ^{239}Pu in ^{240}Pu umgewandelt wurde. Berechnungen ließen vermuten, daß die Neutronenemission durch spontane Spaltung beim Hanford-Plutonium mehrere Hundert mal größer sein würde als die theoretische Abteilung in Los Alamos veranschlagt hatte.

Wegen der Gefahr einer vorzeitigen Explosion wäre es unmöglich, das Hanford-Plutonium mittels der primitiven Kanonentechnik zur Explosion zu bringen, wie es im *MAUD-Report* vorgeschlagen worden war. Dadurch wurde ein gänzlich anderer Bombentyp notwendig.

Eine Vorstellung hierzu war glücklicherweise schon im April 1943 von Seth H. Neddermeyer entwickelt worden. Sie bestand im wesentlichen aus einem von ^{235}U oder Plutonium umgebenen Hohlraum im Inneren einer Kugelschale aus Sprengstoff. Wenn dieser explodiert, wird der Kernsprengstoff in das Zentrum des Hohlraums getrieben, wo dann eine überkritische, explosionsfähige Masse entsteht (Abb. 13). Einen derartigen Vorgang nennt man eine *Implosion*. Mit ihrer Hilfe konnte das gesuchte Ziel im Prinzip erreicht werden, aber damals, 1943, erschien die Verwirklichung recht schwierig, weil die Implosion streng symmetrisch erfolgen muß, so daß sich der gesamte Kernsprengstoff zur gleichen Zeit nach innen bewegt. Andernfalls würde er sich nicht zum angestrebten superkritischen kompakten Ball vereinigen. Die Kanonenmethode beruht auf einem bekannten artilleristischen Konzept, und erscheint erfolgversprechender, aber sie benötigt dennoch eine verschwenderisch große Menge an Kernsprengstoff.

Neddermeyers feste Überzeugung hielt damals seine Implosionsmethode für einige Monate am Leben, aber danach verlor er selbst den Mut. Dann richtete Teller im Herbst 1943 die Aufmerksamkeit auf die Wirtschaftlichkeit der Implosionsmethode, die wegen des geringeren Materialverbrauchs doch noch günstiger als erwartet war. Das liegt daran, daß der Kernsprengstoff durch den enorm hohen Druck so stark zusammengedrückt wird, daß er eine größere spezifische Dichte erreicht und deshalb mit weniger Material kritisch wird. Damit konnte die Zeit, die man in Hanford für die Lieferung von ausreichend Material für die erste Bombe benötigte, um einige Monate reduziert werden. Man entschied daher, das Hauptgewicht auf die Entwicklung der Implosionsmethode zu setzen und den Sprengstoffexperten George B. Kistiakowsky mit der Leitung zu beauftragen. Auf diesem Gebiet waren auch die britischen Wissenschaftler in Los Alamos in der Lage, einige bemerkenswerte Beiträge zu leisten.

Dennoch ging es nur langsam voran. In seiner Planung für die kommen-

Die Atombombentechnologie wird entwickelt

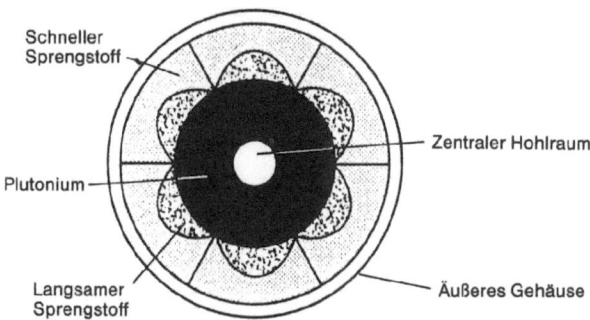

Abb. 13. Die Implosionsmethode. Das Diagramm zeigt einen Querschnitt durch eine Implosionsbombe. Die Zündung des herkömmlichen Sprengstoffs treibt das Plutonium in der Mitte der Anlage zusammen, wo es explodiert. Die Kombination von langsamen und schnellen Sprengstoffen bewirkt, daß sich das gesamte Plutonium zur gleichen Zeit und mit der gleichen Geschwindigkeit bewegt, so daß es den notwendigen kompakten Ball bildet

den Monate machte Kistiakowsky für Ende 1944 die abschließende, frei erfundene Eintragung: „Der Versuch mit dem Ding ging schief. Die Mitarbeiter nehmen ihre Arbeit wütend wieder auf. Kistiakowsky schnappte über und wurde eingesperrt". Tatsächlich lief Ende 1944 nichts schief, sondern der erste Implosionsversuch brachte ein erfolgversprechendes Ergebnis. Der Test war natürlich mit nicht reaktionsfähigem Material ausgeführt worden.

Inzwischen waren andere Bedenken aufgetaucht. Nach aller Mühe mit der Vermeidung von vorzeitigen Explosionen durch Streuneutronen könnte ja auch der gegenteilige Effekt auftreten, daß nämlich zu wenig Streuneutronen zur Auslösung der Explosion zur Verfügung stehen. Bei der Implosion befindet sich der Kernsprengstoff nur für ganz kurze Zeit im Idealzustand bezüglich der Kettenreaktion: Würde genügend Zeit für die Neutronenvervielfachung zur Verfügung stehen, wenn der Prozeß doch nur mit einigen wenigen Streuneutronen beginnt?

Die Antwort heißt offensichtlich: Genau im richtigen Moment muß eine Neutronenlawine auftreten; Vorrichtungen hierfür nennt man *Initiatoren*. Sie enthalten zwei Substanzen (im Initiator von 1945 waren es Beryllium und Polonium), die eine Fülle Neutronen produzieren, sobald sie gut vermischt sind, was durch die Implosion selbst erreicht wird. Ob nun ein Initiator tatsächlich funktionierte oder nicht, konnte nur durch einen Test am Waffensystem selbst festgestellt werden.

Wegen der Unsicherheiten mit der Implosion beschlossen Conant und Groves Ende 1944, die ^{235}U-Produktionen auf Kanonenbomben umzudispo-

Die Atombombentechnologie wird entwickelt

nieren. Das wurde als eine ziemlich sichere, wenn auch verschwenderische Methode angesehen. Ihrer Meinung nach würde am 1. August 1945 genug ^{235}U für eine Bombe vorhanden sein, die eine Energie von 10000 Tonnen TNT freisetzen würde, aber im Rest des Jahres könnte nur noch eine weitere Bombe hergestellt werden. Das bedeutete keinen Testversuch und keine unmittelbar folgende zweite Bombe, falls die Bombe tatsächlich in jenem Sommer eingesetzt werden sollte, – eine Aussicht, die sie etwas bestürzte.

Hinsichtlich der Implosionswaffensysteme würde wohl genug Plutonium zur Verfügung stehen, um im Jahr 1945 mehrere Bomben herzustellen, sofern nur die Methode als solche funktionsfähig gemacht werden könne. Für die Energieausbeute der ersten Implosionsbombe rechneten sie lieber vorsichtig mit nur fünfhundert Tonnen TNT, obwohl die Theoretiker das Zehnfache erhofften für den Fall, daß alle Komponenten einwandfrei funktionierten. Ein Testversuch erschien notwendig, um sicherzustellen, daß die Bombe auch wirklich explodiert, wofür der Unabhängigkeitstag, der 4. Juli 1945, vorläufig vorgesehen wurde. Der Test lief unter dem Decknamen *Trinity* (Dreieinigkeit).

Mit der Festlegung dieser Termine rückte *Los Alamos* enger zusammen. Entscheidungen mußten getroffen, Entwicklungen gestoppt und Einzelteile gebaut werden. Nach all den Problemen und Rückschlägen der letzten Monate ging es nun mit allem vorwärts. Die Lieferungen von ^{235}U aus Oak

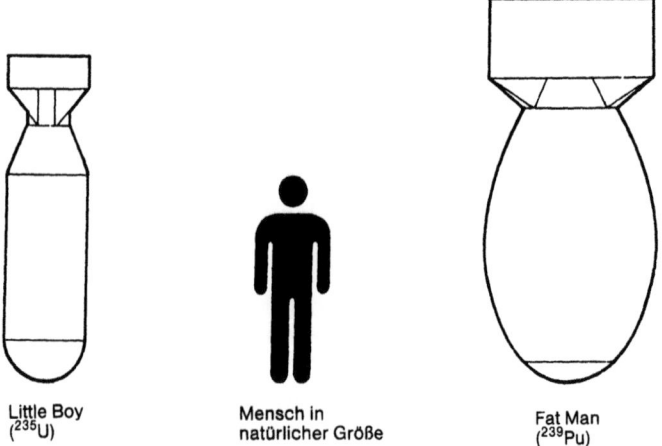

Abb. 14. Die Bomben von Hiroshima *(links)* und Nagasaki *(rechts).*
Die Gesamtgewichte betrugen 4 bzw. 4½ Tonnen. Der Kernsprengstoff machte nur einen kleinen Teil davon aus

Die Atombombentechnologie wird entwickelt

Ridge und Plutonium aus Hanford trafen in zunehmenden Mengen ein und wurden zu Bombenmaterial verarbeitet. Große Fortschritte wurden mit der Implosion erzielt. Die eigentlichen Bomben wurden gebaut: Der *Little Boy,* die relativ kleine ^{235}U-Bombe vom Kanonentyp, und der *Fat Man,* die Plutoniumbombe vom Implosionstyp (Abb. 14).

Der *Trinity Test* einer Plutoniumbombe wurde in der Alamogordo-Wüste in New Mexico am 16. Juli 1945 morgens um halb sechs Uhr ausgeführt, nach mehreren Aufschüben, - um neun Tage, drei Tage, eine Stunde und endlich um 30 Minuten. Für die Leute von Los Alamos und allen voran Oppenheimer war dies der kritische Moment. Hatten sie es richtig gemacht? Hatten sie irgendetwas übersehen? Würde die Arbeit von Zehntausenden von Männern und Frauen und die Ausgabe von Milliarden von Dollars in einem Fiasko oder in einem Triumph enden? Mit dem Auszählen des Zeitpunktes Null erreichte die Spannung ihren Höhepunkt. Um Oppenheimer abzulenken, nahm Groves ihn mit hinaus, um nach dem Wetter zu schauen, das wirklich Anlaß zur Besorgnis bot. Im Gegensatz dazu zeigte Fermi keine Anzeichen einer Belastung. Als hundertprozentiger Wissenschaftler meinte er, *Trinity* sei ein wertvolles Experiment, was immer auch dabei herauskommen möge; falls die Bombe nicht losgehen sollte, so würde dies die Unmöglichkeit der Kernexplosion erweisen.

General Thomas F. Farrell, Groves Stellvertreter, befand sich zusammen mit einigen der Führungsmannschaft im Kontrollbunker gut 3 km von der Explosion entfernt. In seinem Bericht erklärt er:

„Jedermann im Raum kannte die schrecklichen, verborgenen Kräfte von dem, was da passieren sollte ... Wir stießen in das Unbekannte vor und wußten nicht, was dabei herauskommen würde. Mit Sicherheit kann gesagt werden, daß die meisten der Anwesenden - Christen, Juden und Atheisten - beteten, und eifriger beteten als sie je zuvor gebetet hatten."

Trinity war über alle Erwartungen erfolgreich. Die Beobachter, - die ersten, die den Feuerball und den Wolkenpilz sahen, waren verängstigt und überwältigt. Um wieder aus Farrells Bericht zu zitieren:

„Die Erscheinungen können ohne weiteres als einmalig, großartig, wunderbar, überwältigend und fürchterlich bezeichnet werden. Kein von Menschenhand geschaffener Vorgang von solch gewaltiger Kraft hat sich je zuvor ereignet. Die Lichteffekte übersteigen jede Beschreibungsmöglichkeit. Das ganze Land war von versengendem Licht überstrahlt, dessen Helligkeit vielmal größer war als die der Mittagssonne. Es war golden, purpurn, violett, grau und blau ... Es hatte die Schönheit, von der die großen Dichter träumen."

Überrascht von der Leuchtkraft des Lichts und von seiner Beobachtung gebannt wurden einige Beobachter von der Stoßwelle überrascht und umge-

Die Atombombentechnologie wird entwickelt

worfen, die etwa dreißig Sekunden später ankam. Ihr folgte ein schreckliches Getöse, das mehrere Minuten lang in den Bergen widerhallte. Ein nüchternes wissenschaftliches Faktum: Die freigesetzte Energie war um ein Vielfaches größer als die von den Theoretikern geschätzte Obergrenze von fünftausend Tonnen TNT.

Nach der Explosion schüttelten sich Bush, Conant und Groves schweigend die Hände. Kistiakowsky entlud seine aufgestauten Emotionen, indem er Oppenheimer mit Freudengeschrei umarmte. Die allgemeine Stimmung wurde mit „von Ernsthaftigkeit beherrschter Freude" beschrieben.

Farrell berichtete von einem Gefühl unter den Anwesenden, daß sie ihr Leben der Aufgabe widmen sollten, daß die neue Macht stets für das Gute und nie für das Böse benutzt werde.

Farrells erste Worte nach der Explosion an Groves waren: „Der Krieg ist vorbei." „Ja, sobald wir zwei Bomben auf Japan geworfen haben", antwortete Groves.

11 Wie weit sind die Deutschen mit der Bombe?

Während der ganzen Kriegszeit arbeiteten Heisenberg und seine Kollegen vom deutschen Uranverein in der bequemen, aber falschen Vorstellung, daß sie weltweit führend im Wettlauf um den Nachweis einer Kern-Kettenreaktion seien. Sie wußten nichts vom Umfang und vom Tempo des *Manhattan-Projects*.

Bei Kriegsbeginn waren sie den Amerikanern um fast zwei Jahre voraus. Mitte 1940 ähnelte ihr Konzept über die weitere Vorgehensweise dem des *S 1-Committee* aus der ersten Hälfte des Jahres 1942. Sie hatten gewisse Vorstellungen zur Uranisotopentrennung und sie hatten einen Uran/Schwerwasserreaktor ins Auge gefaßt, der ein neues, für die Spaltung geeignetes Element produzieren konnte. Sie hatten die Pläne für einen Uran/Graphitreaktor aufgegeben, aber trotzdem hatten sie noch verschiedene Möglichkeiten um Kernsprengstoffe zu erhalten.

Weil viele von ihnen, einschließlich Heisenberg, mehr an der Wissenschaft als an der Herstellung einer Atombombe für Hitler interessiert waren, wurde der Bau einer kritischen Uran/Schwerwasseranlage die Hauptzielrichtung des Uranvereins. Das war ein Ziel, für das man sich wissenschaftlich begeistern konnte und das für die Nachkriegszeit eine große Bedeutung hatte, das aber vor Kriegsende wohl keine Waffen liefern würde.

Deshalb war in Deutschland auch die Trennung der Uranisotope mehr auf den Reaktor als auf den Sprengstoff ausgerichtet. Mit dem Isotop ^{235}U angereichertes Uran wurde weniger als Bombenmaterial sondern mehr als eine Antwort auf den Mangel an schwerem Wasser angesehen, weil es in Verbindung mit gewöhnlichem statt mit schwerem Wasser verwendet werden kann. In den meisten späteren Kernkraftwerken wird es so verwendet.

Die deutschen Ansätze zur Anreicherung von ^{235}U im Uran unterschied sich auf mehrfache Weise von den britischen und amerikanischen Methoden. Hartecks Gruppe experimentierte lange an der Thermodiffusion von Gasen herum, ehe sie den Fehlschlag zugaben. Sie wandten sich dann für den Rest des Krieges der Zentrifugiermaschine zu, mit der sie bescheidene Erfolge erzielten. Auf der anderen Seite gaben die Briten beide Methoden ziemlich rasch auf, während die Amerikaner sich von der Ersteren wenig versprachen und die zweite schließlich ablehnten, weil sich für die Maßstäbe des *Manhattan-Projects* die technische Realisierung als zu schwierig erwies.

Wie weit sind die Deutschen mit der Bombe?

Bezüglich der in Amerika praktizierten Methoden war die Gasdiffusion durch Membranen seltsamerweise von den Deutschen kaum beachtet worden, obwohl ihnen die Prinzipien klar bekannt waren; den elektromagnetischen Methoden wurde unter der Schirmherrschaft der Reichspost (!) nachgegangen; auf die Thermodiffusion in flüssiger Phase waren sie offenbar nicht gekommen.

Der Uranverein besaß aber auch eine neue Methode, die von den Briten nach nur kurzer Untersuchung abgelehnt wurde: sie nannten sie *Isotopenschleuse*. Die Methode war von Bagge erdacht worden, der im Gegensatz zu anderen Kollegen damit die Produktion von Bombenmaterial tatsächlich erhoffte. Sie arbeitet nach der Flugzeitmethode, die seit den Versuchen von Fizeau 1849 zur Messung der Lichtgeschwindigkeit bekannt ist. Im wesentlichen umfaßt sie zwei rotierende Lochblenden in einem Strahlengang, einem Lichtstrahl im Falle Fizeau und in einem Strahl aus Uranatomen im Hochvakuum im Falle von Bagges Anwendung. Wenn beide Verschlüsse kurzzeitig öffnen, dann kann der Strahl die Anlage nur dann passieren, wenn der zweite Verschluß etwas später öffnet als der erste, wobei diese Verzögerungszeit genau gleich der Flugzeit zwischen den beiden Verschlüssen ist. In Bagges Anordnung war die Verzögerungszeit so justiert, daß die schnellsten Uranatome hindurch treten konnten, und das waren eher die leichteren ^{235}U-Atome als die schwereren ^{238}U-Atome. Bagge konnte auf diesem Wege schließlich einige Gramm dieser Isotope trennen.

Zusätzlich zogen die Deutschen noch mindestens drei andere Methoden in Betracht, von denen aber keine zu irgendeinem Ergebnis kam. In kleinerem Rahmen hatten sie Erfolg mit der Zentrifuge, und zwar schon im August 1942, sowie mit der Isotopenschleuse im Juli 1944, und wären die alliierten Bombenangriffe nicht gewesen, so hätten sie diese Anlage vielleicht erweitert. Besonders Bagge erlebte eine frustrierende Epoche; seine beiden ersten Modelle wurden durch Luftangriffe vernichtet und dreimal mußte er mit allen Geräten in andere Unterkünfte umziehen.

Die Stellung der elektromagnetischen Methode war in Deutschland etwas ungewöhnlich. Offensichtlich hatte der Uranverein ihr lange keine Beachtung geschenkt und der Nachkriegsbericht über die deutschen Arbeiten zur Isotopentrennung erwähnt sie nicht einmal. Dennoch stand die Entwicklung bei Kriegsende kurz vor dem Durchbruch.

Das Konzept war von den Grundlagen her das Gleiche wie das von Lawrence in den USA und wurde Anfang 1940, ein Jahr vor Lawrence, vom Baron Manfred von Ardenne in Angriff genommen. Ardenne war wie Lawrence ein technischer Draufgänger. Als er Mittel für die Verwertung seiner Ideen brauchte, wandte er sich an den Reichspostminister, Wilhelm Ohnesorge, dem er darlegte, daß er eine Methode besäße, mit der man einige Kilogramm ^{235}U für eine Atombombe machen könne. Ohnesorge unterrichtete

Wie weit sind die Deutschen mit der Bombe?

Hitler, aber die Zeit war damals nicht reif; im Sommer 1940 schien der Krieg für Deutschland so gut wie gewonnen, so daß für neue Waffen wenig Interesse bestand. Hitler behandelte Ohnesorge mit beißendem Spott, und er wurde hinausgeworfen, ließ sich aber nicht von der Idee abbringen.

Mittlerweile waren Heisenberg und v. Weizsäcker besorgt über Ardennes Unternehmungen. Was sie jetzt am wenigsten brauchen konnten, war Hitlers Aufforderung, sofort eine Atombombe zu entwickeln. Dementsprechend trat v. Weizsäcker mit der Nachricht, die er vermutlich selbst nicht im Ernst meinte, an Ardenne heran, daß eine ^{235}U-Bombe aus technischen Gründen nicht möglich zu sein schien. Ardenne unterwarf sich der - wie er glaubte - höheren Einsicht und wandte sich mit seinen Anstrengungen den Teilchenbeschleunigern zu. Später kehrte er aber trotzdem zu seinem elektromagnetischen Trennkonzept zurück. 1945 waren die Russen hinreichend an ihm interessiert, um ihn aufzuspüren und gemeinsam mit einer Anzahl anderer deutscher Kernphysiker nach Rußland zu bringen.

Der Fortschritt der deutschen Uranisotopentrennung war zu gering, um einen Beitrag zum Reaktorbauprogramm zu leisten, daher wurde dieses unabhängig vorangetrieben. Wenn auch aus einem anderen Grund, war die Entwicklung in dieser Hinsicht ähnlich der in den USA. Die deutschen Arbeiten umfaßten 22 Experimente mit Uran/Moderatoranordnungen, die Heisenberg wie folgt zusammenfaßte:

- Drei frühe Versuche während 1940/1941 zur Erzielung kritischer Anordnungen, einschließlich Hartecks Uranoxid/Trockeneisexperiment, das in Kapitel 5 beschrieben wurde.
- Zehn Experimente unter Heisenbergs Leitung im Kaiser-Wilhelm-Institut in Berlin. Die ersten fünf wurden 1940/1942 in einem eigens hierfür gebauten Gebäude ausgeführt, das man das *Virushaus* nannte, um unerwünschte Besucher fernzuhalten. Als die Bombenangriffe immer unerbittlicher wurden, baute man einen Bunker, der 1944 für die nächsten fünf Versuche zur Verfügung stand.
- Vier Experimente unter Heisenberg und L. R. Döpel in der Universität Leipzig in den Jahren 1941/1942.
- Vier Experimente unter Diebner, und zwar im wesentlichen im Heereswaffenamt in Gottow 1941-1943.
- Ein letzter Versuch im März 1945 unter Heisenberg in einer Höhle in Haigerloch in Süddeutschland, nachdem diese Gruppe Berlin angesichts des russischen Vormarschs verlassen mußte.

In Berlin, Leipzig und Gottow fanden also die drei wichtigsten Versuchsreihen statt. Die in Berlin bestanden aus aufeinandergeschichteten Lagen von Kernbrennstoff und Moderator. Das ist nicht so effizient wie Fermis Gittermethode, führte aber zu ähnlichen Vorzügen. Jene in Leipzig benutzten auch

Wie weit sind die Deutschen mit der Bombe?

Schichten, aber weniger und in konzentrischer Anordnung wie Zwiebelschalen. Diese Anordnung erlaubt eine einfache theoretische Analyse der Ergebnisse, aber die Herstellung ist mühevoll, denn sie benötigt eine Serie von Aluminiumkugelschalen mit Zwischenräumen, in denen die Brennstoff- und Moderatorschichten sowohl getrennt als auch zusammengehalten werden. Nur die Experimente von Gottow und Haigerloch benutzten das Gitter. Unabhängig vom speziellen Typ wurde die ganze Anlage entweder in einen Wasserbehälter versenkt oder mit Paraffinwachs umgeben; durch diese Substanzen wurden einige der Neutronen, die sonst verlorengegangen wären, in die Anordnung zurückreflektiert.

Ebenso wie in den USA war der Fortschritt durch die Versorgung mit den Substanzen bedingt. Ursprünglich mußte in allen drei Serien in Deutschland Uranoxid verwendet werden in Ermangelung des Metalls, ebenso wie Paraffinwachs in Ermangelung des schweren Wassers. Dadurch war es fast vorherbestimmt, daß keine Neutronenvervielfachung beobachtet werden konnte, aber einige wertvolle Informationen konnten dennoch gesammelt werden und es war auf jeden Fall klug, nachzuforschen, ob dieser einfache Weg nicht doch erfolgreich sein könnte.

Metallisches Uran wurde von der Degussa in Frankfurt hergestellt, die auf vorangegangene Erfahrungen bei der Herstellung von metallischem Thorium aufbauen konnte. Zuerst lieferten sie Uranpulver, aber später auch in Form von Platten und Würfeln. Insgesamt stellten sie 14 Tonnen hochreines Material zur Verfügung, was für die Vorhaben der Physiker letztendlich ausreichend war. Der Gedanke daran, daß Fermis Arbeit um mehrere Monate verkürzt worden wäre, wenn ihm das Uran der Degussa zur Verfügung gestanden hätte, berührt eigentümlich.

Bezüglich des schweren Wassers mußten die Deutschen auf eine neue Produktion aus der norwegischen Fabrik warten, weil die Franzosen die gesamten Lagerbestände an sich genommen hatten. Der Ort Rjukan, in dem sich die Fabrik befand, hielt bei der deutschen Invasion länger stand als jede andere südnorwegische Stadt und wurde erst am 3. Mai 1940 erobert. Die Fabrik selbst war noch betriebsbereit, aber der Umbau für eine Erhöhung der Schwerwasserproduktion nahm etwa ein Jahr in Anspruch.

Nachrichten über die Geschäftigkeiten in Rjukan trafen 1941 in Großbritannien ein und trugen dazu bei, die alliierten Kernaktivitäten weiter anzuspornen. Sie führten auch zu der Entscheidung, die deutsche Schwerwasserquelle zu zerstören. Zuerst gab es britische und norwegische Sabotageangriffe, die zu den großen Heldentaten des Krieges zählen, und dann folgten amerikanische Bombenangriffe, durch die im November 1943 die Produktion endgültig stillgelegt wurde. Bis dahin hatten die Deutschen etwas mehr als zweieinhalb Tonnen schweres Wasser bezogen, was ziemlich wenig für die Experimente war. Die Behauptung, daß die Lähmung der norwegischen

Wie weit sind die Deutschen mit der Bombe?

Fabrik die Alliierten vor einem Kernangriff bewahrt habe, würde jedoch viel zu weit gehen; es verhinderte die Konstruktion eines deutschen Kernreaktors, sie hatten aber kaum an den weiteren großen Schritt vom Reaktor zur Bombe gedacht.

Für die Aufbauten der deutschen Physiker waren Ende 1941 metallisches Uran und schweres Wasser in ausreichendem Maße vorhanden. Die ersten Lieferungen des Metalls gingen für Uranmetall/Paraffinwachsexperimente nach Berlin und das schwere Wasser wurde für Uranoxid/Schwerwasserexperimente nach Leipzig geschickt. Letztere brachten vielversprechende Ergebnisse; wenn auch keine definitive Neutronenvervielfachung beobachtet wurde, so wurde doch der Schluß möglich, daß dies nur an der Neutronenabsorption durch das eingebaute Aluminium lag.

Jetzt war Heisenberg davon überzeugt, daß er einem erfolgreichen Uranbrenner ganz nahe war, der auch zur Herstellung von Sprengstoff für Atombomben verwendet werden kann. Er lebte auch in der Vorstellung, daß die Wissenschaftler dieser Welt eine solche Entwicklung ebenso verhindern könnten wie er und seine Kollegen es in Deutschland tatsächlich taten.

v. Weizsäcker und er entschlossen sich, an Bohr in Kopenhagen heranzutreten, wobei sie ihm offensichtlich den Vorschlag unterbreiten wollten, daß Bohr seinen Einfluß für ein Atombombenmoratorium an alle Wissenschaftler diesseits und jenseits der Front geltend machen solle. Bohrs Sohn Aage bestreitet jedoch kategorisch, daß die Deutschen einen derartigen Vorschlag gemacht hätten. Heisenberg und v. Weizsäcker mußten aus Gründen ihrer Sicherheit bestimmt äußerst vorsichtig sein mit dem, was sie Bohr mitteilten, so daß sie sich nicht deutlich genug ausgedrückt haben könnten. Außerdem war Bohr derart schockiert und abgestoßen von der Möglichkeit einer Atombombe und noch dazu in Hitlers Besitz, daß er in diesem Gespräch an wenig anderes denken konnte. Die Natur, die er sein ganzes Leben mit größtem Vergnügen studiert hatte, schien plötzlich nicht mehr gutartig, sondern voller Bedrohung zu sein.

Einer von Heisenbergs Kollegen sah den Besuch in einem anderen Licht und meinte, daß sich der *hohe Priester* (der deutschen Physiker) wegen seines bedrückten Gewissens von seinem *Papst* Absolution einholen wollte.

Was immer auch in den Köpfen der Mitspieler vorgegangen sein mag, das Gespräch war fehlgeschlagen und die Deutschen fuhren zurück, Heisenberg, um mit seinen Versuchen zum Reaktorbau weiterzumachen.

Dies geschah zu einer Zeit, in der sich die deutschen Kriegsanstrengungen in einer Krise befanden. Ihre Blitzkriegtaktik hatte gegenüber Rußland versagt und sie sahen sich einem Kampf gegenüber, der sich in die Länge zog und die Wirtschaft ernsthaften Belastungen unterwarf. Durfte das Uranprojekt fortgeführt werden? Man verzögerte die Entscheidung und übertrug den *Uranverein* dem Reichsforschungsrat, also vom Heer an eine zivile Körper-

Wie weit sind die Deutschen mit der Bombe?

schaft. Esau, einer von denen, die 1939 aus dem Uranverein verdrängt worden waren, wurde mit der Leitung beauftragt. Diebner wurde davon jedoch nicht berührt, denn er arbeitete in einem heereseigenen Institut.

Es entstand eine Zeit der Konfusion und Ungewißheit. Dennoch beeilten sich Döpel und Heisenberg in Leipzig weiterhin mit ihrer ersten Uranmetall/Schwerwasseranlage, die im Mai 1942 für Probeversuche fertig war. Insgesamt enthielt ihre kugelförmige Aluminiumanordnung 572 kg Uranmetallpulver sowie 140 Kilogramm schweres Wasser, und das ganze Monstrum wurde in ein Wasserbad versenkt. Diesmal wurde ein positives Ergebnis erzielt; Gegenüber der Neutroneninjektion im Zentrum ergab sich am Kugelrand eine Zunahme der Neutronenzahl um 13%, was einem Neutronenmultiplikationsfaktor (k-Wert) von 1,01 entsprach, also gerade über dem Grenzwert $k=1$. Döpel und Heisenberg rechneten sich aus, daß sie nur einen größeren Atommeiler der gleichen Bauart aufbauen mußten, - grob gerechnet 10 Tonnen Uranmetall und 5 Tonnen schweres Wasser, - und sie würden einen Atomreaktor besitzen.

Drei Monate später konnte Fermi in Amerika von einem k-Wert größer als eins in einer Uranoxid/Graphitanlage berichten. Ohne voneinander zu wissen, lagen beide Projekte gleichauf, aber von da ab lief das amerikanische Projekt schnell voraus.

In Deutschland wurden die kritischen Entscheidungen über den künftigen Umfang des Projekts bzw. darüber, ob es überhaupt fortgeführt werden soll, auf einer vertraulichen Besprechung bei Albert Speer, dem Reichsminister für Rüstung, am 6. Juni 1942 in Berlin getroffen, genau zwei Wochen nach dem gleichermaßen entscheidenden Treffen in Washington, wo die Entscheidung für den Bau von Industrieanlagen gefällt wurde. Heisenberg konnte erfolgversprechende Ergebnisse vorlegen und war in der Lage, auf Fragen von Generalfeldmarschall Erhard Milch zu antworten, daß eine Bombe *so groß wie eine Ananas* eine Stadt zerstören könne. Er stellte aber auch klar, daß der Zeitaufwand für die Herstellung mehrere Jahre betragen würde. Speer war hinreichend beeindruckt und für eine Bewilligung der Mittel für eine Fortführung der Arbeit des *Uranvereins* im bisherigen Rahmen, aber im Hinblick auf Hitlers Befehle zur Konzentrierung auf solche Aufgaben, die rasch militärische Erfolge bewirken, konnte er keine größere Unterstützung gewähren. Diese ging stattdessen zu den V-Waffen und Raketen.

Inzwischen war Döpels und Heisenbergs Uran/Schwerwasserkugel in Leipzig im Wasserbad belassen worden, in dem sie in einer Patsche endete. Nach 20 Tagen entwickelten sich Wasserstoffblasen, die offensichtlich auf einem Leck beruhten, das es dem Wasser ermöglichte, mit dem Uranmetallpulver zu reagieren. Das äußere Gehäuse wurde deshalb für eine Nachprüfung geöffnet. Das ermöglichte jedoch das Eindringen von Luft mit dem Ergebnis einer regelrechten pyrotechnischen Vorführung von verbrennendem

Wie weit sind die Deutschen mit der Bombe?

Uran. Dies wurde mit Wasser gelöscht und die Kugel wurde zur Abkühlung in das Wasser abgelassen. Stattdessen wurde sie aber heißer. Die beobachtenden Physiker sahen, wie es in ihr anfing zu arbeiten und wie sie anschwoll. Sie rannten um ihr Leben. Wenige Sekunden später explodierte die Kugel. Es regnete brennendes Uran, das das Gebäude in Brand setzte. Döpel und Heisenberg büßten nicht nur das meiste von ihrem Uran und ihrem schweren Wasser ein. Sie mußten sich von der Leipziger Feuerwehr zu ihrer verblüffenden Kernspaltungsvorführung beglückwünschen lassen, obwohl doch nur die chemischen Reaktionen durchgegangen waren. Das war das Ende der Arbeit in Leipzig, und die weiteren Versuche in Berlin wurden unter besserer Beachtung der Uranchemie durchgeführt.

Währenddessen führte Diebner, der langsam aus dem Kaiser-Wilhelm-Institut herausgedrängt worden und zu der Ansicht gekommen war, daß die Physiker im *Uranverein* zu theoretisch und zu langsam wären, seine konkurrierende Versuchsreihe unter dem Schutz des Heeres aus, ohne Heisenberg in Kenntnis zu setzen. Wenn Diebner auch nicht zur Spitze zählte, so war er doch ein solider, praktischer Wissenschaftler, dessen Experimente eine gute Arbeit darstellten. Sein wesentlichster Beitrag war die Gitteranordnung. Seine erste Uranoxid/Paraffinwachsanlage versetzte ihn in die Lage, die Überlegenheit der Gitteranordnung unter Beweis zu stellen, und im Frühjahr 1943 erbrachte sein zweites Experiment mit 108 Uranwürfeln, die in schwerem Eis eingebettet waren, einen k-Wert von 1,08. Durch die Verwendung von schwerem Eis vermied Diebner die Notwendigkeit von Stützmaterialien, mit denen Neutronen unnütz verloren gehen, was mit ein Grund dafür war, daß er eine erhebliche Verbesserung des letzten Leipziger k-Wertes von Döpel und Heisenberg von 1,01 erzielte.

Für seinen nächsten Versuch Ende 1943 hatte Diebner die noch einfachere Idee, mithilfe von Drähten ganze Reihen von Uranmetallwürfeln ins schwere Wasser zu hängen, und erzielte damit noch bessere Ergebnisse. Mit noch mehr schwerem Wasser hätte er vielleicht bis zu einer kritischen Anordnung vordringen können, aber nach der Zerstörung der norwegischen Schwerwasserfabrik mußte er seine Schwerwasservorräte an Heisenberg und dessen Kollegen Karl Wirtz für deren Experimente im jetzt fertiggestellten bombensicheren Bunker in Berlin abgeben.

Die Experimente wurden jetzt Walther Gerlach unterstellt, einem Physiker mit dem Vertrauen des *Uranvereins*, der den unbefriedigenden Esau abgelöst hatte. Gerlach machte es sich zur Aufgabe, so viel wissenschaftliche Forschung als möglich zu erhalten, so daß die deutsche Wissenschaft nach dem Krieg wieder auferstehen konnte.

Während des ganzen Jahres 1944 verwendeten Heisenberg und Wirtz noch ihre Schichtenanordnung, um Vergleiche mit ihren früheren Ergebnissen zu erleichtern und vermutlich auch deshalb, weil Diebners Gitteranordnung

Wie weit sind die Deutschen mit der Bombe?

nicht von ihnen erfunden war. Eine Neuerung in ihrem vorletzten Experiment war die Verwendung eines Neutronenreflektors aus Graphit; der Erfolg ließ sie zweifeln, ob sie mit ihrer Ablehnung von Graphit als Moderator Recht gehabt hatten. Zum Jahresende erreichten sie k-Werte von 1,08 und 1,09, so daß ein Kernreaktor in ihrer Reichweite zu liegen schien. Die Uranmenge konnten sie noch erhöhen, insgesamt je eineinhalb Tonnen Uran und schweres Wasser, und mit anderen Verbesserungen kam zu guter letzt auch die Verwendung des Gitters.

In dieser Zeit, als ihre Armeen durch Frankreich vorstießen, erhielten die Alliierten auch einen ersten zuverläßlichen Überblick über den Stand des deutschen Projekts. Die Angst bohrte in ihnen, der Feind könnte jetzt seine Verteidigung mithilfe einer Atombombe in einen Sieg umkehren. In der Tat lag der alliierten Spionage kein Anhaltspunkt für ein großtechnisches Unternehmen vor, aber das konnte auch durch eine Supergeheimhaltung bedingt sein. Vermutlich waren die Deutschen auf dem gleichen Weg wie die Amerikaner, vielleicht sogar an der Spitze!

Um dies herauszufinden, schickten die Amerikaner einer kleine Gruppe nach Europa, um „in die Atombombenentwicklung in Deutschland Einblick zu nehmen". Ihr wissenschaftlicher Chef war der gebürtige Holländer Samuel A. Goudsmit, einer der ganz wenigen in den U.S.A. befindlichen Atomphysiker, die nicht in das *Manhattan-Project* einbezogen worden waren und die deshalb im Falle der Gefangennahme keine größeren Geheimnisse hätten preisgeben können. Seine Eltern waren in den Gaskammern der Nazis gestorben, so daß er stark motiviert war.

Diese Einsatzgruppe trug den Namen *Alsos*. Dies griechische Wort bedeutet Hain oder Gehölz, also *grove* im Englischen, wie jemand herausfand, was bei General Groves ein vorübergehendes Unwohlsein verursachte. Die Art und Weise, mit der diese Gruppe vorging, erschien den Militärs höchst eigenartig. „Sie konnten nicht einsehen, wieso wir schon im Voraus wissen konnten, genau welche feindlichen Wissenschaftler die Informationen besaßen, die wir haben wollten", schrieb Goudsmit. „Für einen Außenseiter ist ein Professor ein Professor, aber wir wußten, daß kein anderer als Professor Heisenberg der Geist für ein deutsches Uranprojekt sein konnte". Peierls und seine Mitarbeiter hatten der britischen Spionage interessanterweise schon früher eine Liste von sechzehn Wissenschaftlern überreicht, die an einem deutschen Kernvorhaben beteiligt sein könnten, und dabei nur den einen Fehler gemacht, daß sie nicht vorausgeahnt hatten, daß einer von diesen Sechzehn aus rassischen Gründen ausgeschlossen sein würde.

Alsos ging sofort nach der Befreiung nach Paris und Brüssel, aber erst nach Einnahme von Straßburg Ende November 1944 kamen sie an das, auf was sie aus waren, und zwar beim Überprüfen der Akten der dortigen Wissenschaftler und vor allem an Hand einiger Notizen von v. Weizsäcker. Goud-

Wie weit sind die Deutschen mit der Bombe?

smit berichtete, daß er und ein Kollege die Unterlagen bei Kerzenlicht durchlasen und dann gleichzeitig aufschrien. „Wir hatten beide Unterlagen gefunden, die plötzlich den Vorhang des Geheimnisses für uns lüfteten". Dies waren keine geheimen Dokumente; es handelte sich „nur um den üblichen Tratsch unter Kollegen", aber er zeigte doch untrüglich, daß sich das deutsche Projekt auf einer akademischen Stufe befand, also nicht auf einer großtechnischen Ebene, und daß Deutschland auch auf längere Sicht gesehen schwerlich eine Atombombe besitzen würde.

Während die alliierten Armeen im Winter 1944/1945 aufgehalten wurden, warteten Heisenberg und Wirtz auf das entscheidende Experiment. Ende Januar 1945 war alles vorbereitet, aber zu der Zeit erreichten die russischen Armeen Berlin und in der Reichshauptstadt entstand eine Panik. Am 30. Januar ordnete Gerlach den Abbau der Uran/Schwerwasseranlage und deren Transport in Richtung Süden nach Stadtilm (südlich von Erfurt, Anm. d. Übers.) in Mitteldeutschland an, wo Diebner sich schon eingerichtet hatte und um die Fortführung seiner Experimente bemühte. Wirtz war jedoch besorgt, daß Diebner versuchen könnte, das Material des Kaiser-Wilhelm-Instituts selbst zu übernehmen. Nach langem hin und her erhielt Wirtz schließlich die Erlaubnis, seine Lastwagenkolonne nach Haigerloch zu bringen, ein kleines Dorf südlich von Stuttgart.

Hier stellten Heisenberg, Wirtz und wieder einmal v. Weizsäcker ihre letzte Anlage in einer Felsenhöhle auf. Sie erhielten ihr bis dahin bestes Ergebnis, 6,7 mal mehr aus der Anlage austretende als injizierte Neutronen und damit einen k-Wert von 1,11. Eindeutig beinahe kritisch. Gerlach, der in Berlin telephonisch benachrichtigt wurde, sagte aufgeregt „Die Maschine arbeitet".

Die Physiker in Haigerloch hofften, noch vor Kriegsende den kritischen Zustand zu erreichen und schickten einen Hilferuf nach Stadtilm, aber Diebner war zu Hitlers bayrischem Stützpunkt aufgebrochen und sein Aufenthaltsort war unbekannt. Bald darauf besetzten die Alliierten das ganze Gebiet und sprengten die Höhle von Haigerloch sinnloserweise in die Luft.

Die Beharrlichkeit des *Uranvereins* während des Zusammenbruchs ist überraschend. Ohne sich ablenken zu lassen verfolgten sie ihre wissenschaftlichen Ziele in der Annahme, sie seien der Welt voraus und die Alliierten könnten es nicht erwarten, ihre Geheimnisse kennenzulernen.

Die *Alsos*-Gruppe besuchte, sobald sie nach Deutschland kommen konnte, alle wichtigen Stellen, und fand Zeugnisse höchstqualifizierter wissenschaftlicher Arbeit. Über das Bunkerlabor in Berlin, wenn es auch von seinen Einrichtungen entblößt war, schrieb Goudsmit, „es vermittelte einen Eindruck einer erstklassigen Ausführung". Was sie nicht vorfanden, war ein großes industrielles Vorhaben.

Bei den deutschen Wissenschaftlern begegneten sie den unterschiedlichsten Reaktionen. In Heidelberg war Goudsmit darüber erstaunt, wieviel reine

Wie weit sind die Deutschen mit der Bombe?

Physik sein alter Freund Bothe in der Kriegszeit gemacht hatte, und sie unterhielten sich darüber, aber sobald die Kriegsforschung angeschnitten wurde, erklärte Bothe: „Wir befinden uns noch im Krieg ... Wenn Sie in meiner Lage wären, würden Sie auch keine Geheimnisse verraten ... Alle geheimen Unterlagen habe ich verbrannt." Goudsmit wollte erst gar nicht glauben, daß ein Wissenschaftler seine experimentellen Ergebnisse vernichten könnte, aber nach einer gründlichen Nachprüfung fand er, daß Bothe die Wahrheit gesagt hatte.

Bothe war ein pflichtgetreuer Deutscher, aber kein Nazi, und war vom Naziführer in Heidelberg seiner Professur enthoben worden, einem unbedeutenden Wissenschaftler namens Wesch. Weschs Verhalten nach der Eroberung stand in vollem Gegensatz zu Bothe und war typisch für viele Nazis in dieser Situation. Er bot den Alliierten sofort seine Dienste an, schrieb einen langen und hochtrabenden Bericht und versicherte, im Innersten kein Nazi gewesen zu sein.

Das wichtigste Ziel von *Alsos* war natürlich das Gebiet um Haigerloch, aber das lag in der den Franzosen zugeteilten Zone. Groves war besorgt, die Franzosen könnten erbeutete Kerninformationen, Materialien und sogar Wissenschaftler den Russen übergeben, weil er wußte, daß Frankreichs führender Kernphysiker, Joliot, während des Krieges Kommunist geworden war. Um den Franzosen zuvorzukommen, stürzte sich Mitte April eine spezielle *Alsos*-Einheit in dies Gebiet, nahm Hahn, v. Weizsäcker, Wirtz und einige andere gefangen und schaffte das Uran, das schwere Wasser, den Graphit und überdies alle technischen Berichte beiseite. Einige Tage später wurden Diebner, Gerlach und Heisenberg in Bayern festgenommen.

Heisenberg sagte zu Goudsmit, „Falls amerikanische Kollegen etwas über das Uranproblem erfahren möchten, so werde ich ihnen unsere Forschungsergebnisse in meinem Laboratorium gern vorlegen." Die Situation war zutiefst grotesk; die Deutschen durften keinen Hinweis auf die tatsächliche Situation erhalten und, um die Unterredung zu beenden, förderte Goudsmit deswegen noch die Vorstellung, daß die Alliierten ihre Hilfe suchten.

Zehn von den bedeutendsten deutschen Kernwissenschaftlern wurden in Farm Hall, einem Landhaus in Huntigdonshire in England interniert, bis sie dort ihrer Illusionen durch die Nachrichten über Hiroshima beraubt wurden.

12 Hiroshima und Nagasaki

Im November 1944 hatten die Berichte der Einsatzgruppe *Alsos* aus Straßburg angedeutet, daß es keine deutsche Atombombe geben konnte, und alle verbliebenen Zweifel wurden Anfang des folgenden Jahres durch weitere *Alsos*-Berichte aus Deutschland selbst zerstreut. Amerika befand sich nicht im Wettlauf mit den Nazis. Der Leiter der Einsatzgruppe, Goudsmit, meinte: „Ist es nicht großartig, daß die Deutschen keine Atombombe haben? Jetzt brauchen wir unsere auch nicht einzusetzen."

Ein militärisches Mitglied der Einsatzgruppe entgegnete: „Sie kennen Groves nicht. Wenn wir so eine Bombe haben, dann wird sie auch eingesetzt."

Alsos war nicht bekannt, daß die ersten Bomben sowieso für den Krieg in Europa zu spät kamen, der am 8. Mai 1945 beendet sein sollte. Die Zielvorstellung war also nicht Deutschland, sondern Japan.

In den Augen vieler Wissenschaftler, namentlich in Comptons ungestümem Mitarbeiterstab, hatten sich damit die Umstände für die moralischen Aspekte völlig verändert. Ihr hauptsächlicher Beweggrund war die Angst vor der feindlichen Bombe. Deutschland hätte eine herstellen können, aber Japan sicherlich nicht. Gab es da überhaupt noch irgend eine Rechtfertigung für die Amerikaner, sie einzusetzen?

Vielleicht hätten einige von ihnen einen anderen Standpunkt eingenommen, wäre ihnen bekannt gewesen, daß es ein japanisches Atombombenprojekt gab. Dies kam erst in den siebziger Jahren ans Licht, und unsere Kenntnisse darüber sind auch heute noch schemenhaft. Bekannt ist, daß sich die japanischen Kernphysiker unter Nishina im September 1940 an das Heer wandten und Geld für eine Kernforschung von relativ großem Ausmaß erhielten. Weiter ist bekannt, daß in einem Bericht eines *Physik Colloquium* vom März 1943 die Bombenprojekte generell befürwortet wurden. Der Bericht kommt zu der Schlußfolgerung, daß die Entwicklung von Atomwaffen in Japan zehn Jahre dauern würde und daß auch die Amerikaner im laufenden Krieg keine herstellen könnten. Trotzdem wurde Nishinas Projekt während des ganzen Krieges weitergeführt, und die Marine finanzierte ein zweites Projekt unter Bunsaku Arakatsu an der Universität Kyoto. Man war auch auf der Suche nach Uranlagerstätten.

Bezüglich des tatsächlichen Ausmaßes der japanischen Vorhaben wurde bekannt, daß die Arbeitsgruppe von Nishina eine kleine Gasthermodiffusionsanlage für die Trennung der Uranisotope baute und daß man offensichtlich hoffte, daß das leicht angereicherte Uran für einen Leichtwasserreaktor verwendet werden könne. Als die Anlage gerade betriebsbereit war, nämlich im April 1945, wurde das Gebäude durch Luftangriffe zerstört.

Die Arbeit war ganz offensichtlich bis Kriegsende nicht weit vorangekommen. Die japanische Wissenschaft, die auf einigen Gebieten sehr stark war, hatte auf anderen noch einen Rückstand aufzuholen und die Anforderungen an die japanische Industrie waren während des Kriegs zu hoch, als daß sie von großem Nutzen hätte sein können. Die Ausmaße der kernphysikalischen Anlagen blieben also klein, und die amerikanischen Wissenschaftler lagen durchaus richtig in der Annahme, eine japanischen Atombombe wäre höchst unwahrscheinlich.

Für die amerikanischen Militärs, einschließlich Groves, war dies jedoch kein Grund, vom Einsatz ihrer Bombe Abstand zu nehmen. Sie hatten wenig Bedenken, sie mit größtem militärischen Vorteil einzusetzen. Im Pazifik herrschte ein verbissener Krieg. In den Kämpfen um Okinawa gab es bis zur Eroberung 120000 japanische und 80000 amerikanische Opfer, so daß bei einer Besetzung der japanischen Hauptinseln mit einer Million Opfer allein auf Seiten der Amerikaner gerechnet werden mußte. Je eher *Los Alamos* ein Werkzeug zur Verkürzung des Krieges bereitstellen konnte, desto besser.

Die Militärs neigten dazu, die Atombombe schlicht als ein kostengünstiges Hilfsmittel zu betrachten, das ein Equivalent von 20000 Tonnen TNT zum Einsatz bringt. Andererseits verwendeten einige der Wissenschaftler den Begriff einer *absoluten Waffe,* also einer absolut entscheidenden Waffe, die alle anderen nutzlos macht. Für sie war die Atombombe eine historische Wasserscheide. Sie sahen ein neues Zeitalter voraus, das Atomzeitalter, in dem die Atomkernenergie der Menschheit großen Nutzen bringen würde. Sollte die Welt durch eine Atombombe auf Japan in dieses neue Zeitalter eingeführt werden?

Beide Parteien hatten begründete Argumente, und die Auseinandersetzung wurde immer unvermeidlicher, je näher die Termine für die ersten Waffen heranrückten. Dem Streit über den Einsatz der Bombe gegen Japan folgten die ganzen Fragen der Kernwaffen und der Kernenergie in der Nachkriegszeit.

Die Regierung der USA unternahm zu diesen Fragen sehr wenig, bis es schließlich fest stand, daß das *Manhattan-Projekt* erfolgreich sein würde, das heißt, bis nach Roosevelts Tod im Frühjahr 1945. Bush, der schon seit Monaten versucht hatte, die Dinge in Bewegung zu setzen, überredete Anfang Mai den neuen Präsidenten, Harry S. Truman, ein sogenanntes *Interim Committee* unter dem Kriegsminister Henry L. Stimson zur Beratung der Regierung einzusetzen. Dem hochkarätigen Gremium gehörten auch drei Wissenschaftler an (Bush, Conant und Karl T. Compton, ein Bruder des Nobelpreisträgers

Arthur H. Compton) und zu seiner Unterstützung besaß es einen wissenschaftlichen Beirat, der aus den wissenschaftlichen Spitzen des *Manhattan-Project* bestand: Arthur H. Compton, Fermi, Lawrence und Oppenheimer.

Das *Interim Committee* bestand aus vielbeschäftigten Leuten, die aber dennoch die Zeit fanden, den Einsatz der Bombe im Pazifik-Krieg sorgfältig zu erwägen. Nach einer Überprüfung der verschiedenen Alternativen empfahlen sie einstimmig, daß sie ohne Vorwarnung über die Art der Waffe auf Japan abgeworfen werden sollte. Damit sollte in der Hoffnung auf eine japanische Kapitulation ein größtmöglicher psychologischer Eindruck bezweckt werden.

Nach dem Krieg sollten den Mitgliedern des *Interim Committee* und anderen schändliche Motive angelastet werden: Als hauptsächliche Gründe wurden genannt, daß man vor dem Kongreß die Kosten für die Bombe rechtfertigen wollte oder daß man einer russischen Kriegserklärung gegenüber Japan zuvorkommen wollte. Offensichtlich mußten solche und ähnliche Gedanken durch die Köpfe der betreffenden Personen gegangen sein, aber aus den Protokollen geht hervor, daß es sich um eine strategische und nicht um eine politische Entscheidung gehandelt hat.

Die Mitglieder des wissenschaftlichen Beirats berichteten den Führungsstäben ihrer Organisation sehr vorsichtig und offensichtlich erwähnten sie nicht einmal die Empfehlung des Einsatzes der Bombe. Daß Compton im *Met. Lab.* Ärger bekommen würde, war vorauszusehen. Er lud seine Mitarbeiter dazu ein, ihre Ansichten zu Papier zu bringen und sie machten sich ans Werk. Anders als jene, die in Oak Ridge, Hanford oder Los Alamos in den aktuellen Produktionsprozeß eingebunden waren, standen sie unter keinem speziellen Zeitdruck, konnten ihre normale Arbeit einige Wochen liegen lassen und Ausschüsse gründen.

Eines ihrer Komitees, dem auch der unermüdliche Szilard angehörte, fertigte einen besonders vielsagenden Bericht an, den sogenannten *Franck-Report*, benannt nach seinem Vorsitzenden, dem geflüchteten Wissenschaftler James Franck aus Göttingen. Der Bericht gründet auf Vorstellungen, die schon seit mindestens einem Jahr gärten und heranreiften. Das Hauptthema war der Wunsch nach einer internationalen Übereinkunft über ein vollständiges Verbot des Atomkrieges, dem Überlegungen über den Einsatz der Bombe gegen Japan unterzuordnen seien. Die sieben Autoren dieses Berichtes erklärten, „daß es von großer schicksalhafter Bedeutung zu sein scheint, wie die Kernwaffensysteme, die in diesem Land im Geheimen entwickelt werden, zuerst vor der Welt offengelegt werden".

Sie nahmen den Standpunkt ein, daß der Einsatz der Atombombe in Japan ohne Vorwarnung eine derart heftige internationale Ablehnung auslösen würde, was sich auf jede Hoffnung auf eine Verständigung nachteilig auswirken und den Krieg nicht notwendig zu einem Ende bringen würde. Stattdessen schlugen sie eine Vorführung der neuen Waffensysteme „vor den Augen

Hiroshima und Nagasaki

von Vertretern aus den gesamten Vereinten Nationen vor, und zwar in der Wüste oder auf einer unfruchtbaren Insel". Dann könne Amerika sagen: „Hier sehen Sie, was für eine Art Waffen wir besessen, aber nicht eingesetzt haben". Die Vorführung könnte ein Ultimatum an Japan folgen, und wenn es sich dann nicht ergeben sollte, könnte die Bombe mit Billigung der Vereinten Nationen tatsächlich eingesetzt werden.

Weitere Punkte in diesem Bericht waren Hinweise, daß Amerika weder die Geheimhaltung noch die Überlegenheit der Kernwaffen über mehr als einige wenige Jahre erhalten kann und daß es auch die Weltvorräte an Uran und Thorium nicht aufkaufen kann. (Letzteres ist eine andere mögliche Quelle für Kernsprengstoffe.) Auf längere Sicht gesehen sei Amerika auf internationale Abkommen angewiesen.

Die Idee, die Bombe als Vorwarnung öffentlich vorzuführen oder wenigstens dem Feind einfach das Vorhandensein und die mögliche Wirkung mitzuteilen, war vom *Interim Committee* schon mit einer gewissen Gründlichkeit diskutiert worden. Ihnen war bekannt, was die Wissenschaftler in Chicago nicht wußten, daß sich nur ganz wenige Bomben auf dem Weg der Fertigstellung befanden, und welche großen Verluste bei einer Unterwerfung durch einen Einfall in das japanische Mutterland durchgestanden werden mußten. Sie bezweifelten, daß die Japaner lediglich auf Grund einer Warnung kapitulieren würden. Sie sahen auch diverse Probleme technischer Natur. Beispielsweise könnte sich eine Bombe bei der Vorführung oder nach dem angekündigten Abwurf als Blindgänger erweisen; könnte das Flugzeug, das die Bombe trägt, abgeschossen werden, oder die Japaner könnten ihre amerikanischen Kriegsgefangenen in das Gebiet transportieren, das in einer Vorwarnung als Zielgebiet angegeben wird. Der *Franck-Report* konnte die Empfehlungen des *Interim Committee* nicht erschüttern.

Außerdem stimmten nicht alle Wissenschaftler mit dem *Franck-Report* überein, - im Gegenteil. Als am 12. Juli, vier Tage vor dem *Trinity Test*, einhundertfünfzig von ihnen befragt wurden, votierten 15% für den vollen militärischen Einsatz und 46% für eine „militärische Demonstration in Japan gefolgt von einer erneuten Möglichkeit zur Kapitulation". Wie die zweite Alternative im einzelnen bei den Befragten interpretiert wurde ist ungewiß (könnte es sein, daß einige meinten, sie bedeute eine Demonstration ohne Gefährdung von Menschenleben?), aber fairerweise muß angenommen werden, daß mindestens die Hälfte aller Wissenschaftler im *Met. Lab.* meinten, daß die Bombe im Kampf gegen Japan eingesetzt werden soll. An anderen Orten wäre dieser Anteil vermutlich noch größer gewesen.

Die militärischen Vorbereitungen für den Einsatz der Bombe, die im Jahr 1944 begonnen hatten, schritten stetig voran. Die Ziele waren ausgewählt: die großen Städte mit militärischen Stützpunkten und Kriegsindustrie. Die erste Aufstellung enthielt Kyoto, die frühere japanische Hauptstadt, eine geschichtsträchtige Stadt und für die Japaner von großer religiöser Bedeutung, aber gleichzeitig ein ideales Ziel zur Feststellung der zerstörerischen Kraft der Bombe.

Groves versuchte sein Bestes, dem Kriegsminister Stimson diese Aufstellung vorzuenthalten, weil er der Meinung war, daß diese Entscheidung Sache des Generalstabchefs war, aber Stimson bestand darauf, sie zu sehen, und verfügte die Streichung von Kyoto. Er meinte, die Zerstörung Kyotos wäre eine boshafte Handlung, mit der man nach dem Krieg als Ernte nur Verbitterung einfahren würde.

Während der Abwesenheit von Stimson wegen der Potsdamer Konferenz der *großen Drei* (Churchill, Stalin und Truman) versuchte Groves, Kyoto wieder in die Aufstellung hineinzubekommen, aber Stimsons Stellvertreter telegraphierte nach Potsdam, und der Minister bestätigte erneut seinen Einspruch, der nun die volle Unterstützung des Präsidenten hatte.

Während der Potsdamer Konferenz wurde Truman auch über den großartigen Erfolg vom *Trinity Test* der ersten Atombombe unterrichtet. Der Bericht von Groves erreichte ihn am 21. Juli. Churchill las ihn am nächsten Tag und sagte zu Stimson: „Jetzt weiß ich, was Truman gestern passierte. Ich konnte es nicht begreifen. Als er nach der Lektüre dieses Berichts zur Sitzung kam, war er ein anderer Mensch. Er erklärte den Russen einfach, wo sie weitermachen oder einhalten sollten und beherrschte generell die ganze Sitzung".

Stalin wurde nur mitgeteilt, daß die USA eine neue und außergewöhnlich starke Waffe besäßen. Bei Gelegenheit machte dieser die Bemerkung, daß er hoffe, daß sie einen guten Gebrauch davon machen würden, und ohne jedes Anzeichen, daß er eine Ahnung davon hatte, um was es sich tatsächlich handelte, - trotz der Informationen, die durch Fuchs und andere in die UdSSR gelangt waren. Wahrscheinlich war es eine Pokermiene.

Am 24. Juli gab Truman den Befehl für den Abwurf einer Atombombe über Japan, so bald das Wetter dies ab dem 3. August erlaubt. Ohne die atomaren Waffen zu nennen, erhielt Japan am 26. Juli eine Warnung mit der Drohung der sofortigen und totalen Vernichtung, falls es die Kapitulation verweigert. Einige einflußreiche Japaner wollten Frieden, aber am 28. Juli verkündete der Premierminister die Ablehnung des Ultimatums.

Die Kernsprengstoffe und andere Bombenbestandteile warteten auf Tinian, einer Insel etwa 3000 km vor Hiroshima, das die Nummer eins auf der Zielliste war. Wegen möglicher feindlicher Kampfhandlungen oder Unfälle während der Materialtransporte über den Pazifik, vor allem bezüglich der Flugzeuge, die das Plutonium brachten, war man etwas besorgt gewesen, aber alles kam sicher an. Die Gefahr hatte bestanden: Wenige Tage später wurde der Kreuzer Indianapolis, der große Teile von *Little Boy* gebracht hatte, durch ein japanisches U-Boot versenkt.

Hiroshima und Nagasaki

Little Boy wurde am 6. August um 09,15 Uhr (Ortszeit in Trinian) von einem Bomber des Typs B-29 unter Begleitung von zwei Beobachtungsflugzeugen über Hiroshima abgeworfen. Es war unwahrscheinlich, daß ein derartig kleiner Flugzeugverband feindliche Angriffe auf sich ziehen würde, was zu einer Katastrophe hätte führen können, und es wurde tatsächlich nur ein einziges feindliches Flugzeug gesichtet. Die B-29 erlebte den Lichtblitz der Explosion und danach zwei Schläge gegen die Maschine, der eine durch die Stoßwelle, der andere durch die vom Boden reflektierte Welle, und dann das Aufsteigen der riesigen Wolke bis in eine Höhe von mehr als 10 km.

Erst als sie mehr als 600 km weg waren, verschwand die Wolke aus dem Blickfeld. Am nächsten Tag ergaben Aufklärungsflüge, daß die Stadt zu mehr als 60% zerstört war. Der Tribut an Menschenleben ist aus vielen Gründen unbekannt. Die Stadtverwaltung nannte 1976 dem UN-Generalsekretär die Zahl 140 000, aber auch viel kleinere und viel größere Zahlen wurden genannt.

„Das wichtige Ergebnis und das, nach dem wir trachteten", schrieb Groves, „war, daß es den japanischen Führern die völlige Hoffnungslosigkeit ihrer Lage zur Einsicht brachte". Dies wurde von Truman noch verstärkt, als er die Nachricht durch den Rundfunk in die Welt verbreitete.

Die Japaner ließen zwei ihrer führenden Kernphysiker über Hiroshima fliegen: Nishina am 8. August und Arakatsu am 10. August. Das Bild der Zerstörung und das Vorhandensein der Strahlung überzeugten beide davon, daß tatsächlich eine Atombombe schuld war. Ihr *Physik Colloquium* von 1943 hatte sich schwer in der Leistungsfähigkeit der Amerikaner verrechnet.

Die amerikanischen Militärs hielten den baldmöglichsten Abwurf einer zweiten Bombe für wichtig, nämlich bevor der Feind sein Gleichgewicht zurückgewinnen konnte, und um die Angst vor Bomben auf eine Stadt nach der anderen zu erzeugen. Ein zweiter *Little Boy* würde in den nächsten Monaten nicht zur Verfügung stehen, also mußte es ein *Fat Man* sein, eine Plutoniumbombe. Der Termin hing vom ausreichenden Bestand an Plutonium ab und konnte endlich bis auf den 9. August vorgezogen werden. Das erste Ziel war Kokura, der zweite Nagasaki.

Die Wetterbedingungen waren nicht gut, und das Zusammentreffen des B-29 Bombers mit den Beobachterflugzeugen ging schief; in einem davon befand sich ein britischer Staatsbürger, William Penney, der künftige Direktor des *Atomic Weapons Research Establishment* in Aldermaston in Großbritannien. Als der B-29 ankam, war Kokura im Nebel verborgen. Nach drei vergeblichen Anflügen auf die Stadt nahm der B-29 Richtung auf Nagasaki, wo sich im letzten Moment ein Wolkenloch auftat, wodurch die Besatzung in die Lage versetzt wurde, auf Sicht statt mit dem Radar zu zielen, was gegen ihre Anweisungen verstoßen hätte. Von da an wurde ihr Treibstoff knapp und sie hatten Angst, mit dem Flugzeug auf dem Wasser notlanden zu müs-

Hiroshima und Nagasaki

sen, erreichten aber gerade noch Okinawa, wo sie nicht einmal mehr genug in den Tanks hatten, um von der Piste herunterzurollen.

Wegen der Beschaffenheit des Geländes waren die Schäden und Verluste erheblich geringer als in Hiroshima, obwohl die freigesetzte Energie eher größer war: 44% der Stadt wurden zerstört und es gab nur etwa halb so viel Tote wie in Hiroshima.

Eine dürre Darstellung der militärischen Operation und ihrer Folgen erscheint gefühllos und kalt. Diejenigen, die sie ausgearbeitet haben, mögen einen herzlosen Eindruck machen, ebenso wie die Wissenschaftler, die die Waffen schufen. Was man dabei aber im Auge behalten muß, sind die von einen zum Selbstmord entschlossenen Feind verursachten ständigen Verluste an Menschenleben, die aus den japanischen Kriegsgefangenenlagern stammenden Berichte und die sich daraus ergebende erdrückende Mehrheit für eine als vordringlich empfundene Beendigung des Krieges.

Das Urteil muß auch durch den Umstand gemildert werden, daß die atomaren Luftangriffe bezüglich der Anzahl der getöteten Menschen und der verwüsteten Gebiete nichts Außergewöhnliches waren im Vergleich zu herkömmlichen Luftangriffen, die auf Hamburg und andere deutsche Städte ausgeführt worden waren, sowie auf Tokyo, bei dem im März 1945 bei einem Brandbombenangriff 83 000 Menschen starben. Der Unterschied liegt natürlich darin, daß eine einzige Bombe derartige Ergebnisse in nur wenigen Sekunden erzielt. Die Abscheu wird durch die jetzt noch unbekannten Folgen der Kernstrahlung und der radioaktiven Niederschläge verstärkt, – die Verluste einer neuen und schaurigen Art verursachen, wenn auch im allgemeinen nicht schrecklicher als die der konventionellen Methoden.

Nach dem Luftangriff auf Nagasaki ließen die Amerikaner Registriergeräte an Fallschirmen über der Stadt ab. An drei davon hing eine Botschaft an R. Sagane, jenen japanischen Kernphysiker, der vor dem Krieg in Berkeley gearbeitet hatte, „von drei Deiner früheren wissenschaftlichen Kollegen während Deines Aufenthaltes in den Vereinigten Staaten". Dies waren Luis W. Alvarez, Robert Serber und Philip Morris, die sich zu der Zeit auf Tinian befanden. Sie schienen aus eigenem Antrieb heraus gehandelt zu haben und hatten der Botschaft nicht ihre Namen angefügt, aber Alvarez hatte es von Hand geschrieben, so das Sagane die Handschrift erkennen und der Echtheit sicher sein konnte. Der letzte Absatz las sich so:

„Wir bitten Dich dringend, Deinen Führern diese Tatsachen zu bestätigen (daß Atombomben eingesetzt worden seien). Als Wissenschaftler bedauern wir lebhaft, zu welcher Verwendung eine so wunderschöne Entdeckung geführt hat, aber wir können Dir versichern, daß sich dieser Atombombenregen wild verstärken wird, wenn sich Japan nicht sofort ergibt."

Sogar nach Nagasaki und nach dem weiteren Schlag durch den Kriegseintritt der UdSSR lehnte das japanische Heer es noch immer ab, nachzugeben. Trotzdem war der Krieg durch die Intervention von Kaiser Hirohito am 14. August beendet. Vermutlich hatte er in den Händen militärischer Fanatiker sein Leben riskiert, die in Tokyo einen Staatsstreich versuchten, um den hoffnungslosen Kampf fortzuführen. Tatsächlich scheint es so zu sein, daß die zweite Bombe notwendig war, um die Kapitulation zu gewährleisten.

Die Welt war über die Nachrichten von den Atombomben vor Schreck wie gelähmt, dankbar, daß der Krieg vorbei war, und entsetzt über die offen an den Tag getretene Gewalt der neuen Waffen. Für beinahe jeden außerhalb des *Manhattan-Project* kamen die Atombomben völlig überraschend, auch für diejenigen, die wußten, daß sie im Prinzip möglich seien. Im Hinblick auf die undichten Stellen zur UdSSR könnten wir leicht die erstaunliche Leistung unterschätzen, mit der derartig umfangreiche Aktivitäten für so lange Zeit geheimhalten werden konnten, und zwar vor allem gegenüber den Deutschen, die von einem alliierten Kernprojekt nur vage Vorstellungen hatten und es noch in einem Anfangsstadium wähnten.

Die Vorhersage der Wissenschaftler in Chicago, daß der Abwurf der Bomben ein neues Zeitalter einleiten würden, fand ihr Echo rund um die Welt. Stimson fing die Stimmung auf einer Pressekonferenz mit den Worten ein: „Große Ereignisse sind geschehen. Die Welt hat sich verändert und für ein besonnenes Nachdenken ist es jetzt an der Zeit".

Auf seine weiteren Worte „Das Problem liegt nicht im Atom. Es liegt im Herzen des Menschen" wurde auch weltweit reagiert. Für eine kurze Zeit schien der Schock der Bomben auf Japan die Aufmerksamkeit der Menschheit für die Grundwahrheiten zu öffnen. In einem Leitartikel unter dem Titel „Der moderne Mensch ist unterentwickelt" schrieb z.B. die *Saturday Review of Literature* über die Bombe, was immer auch politisch geschehen sein mag, auf einer tieferen Ebene müsse der Mensch sich selbst und seine Motivationen ändern. Die Worte aus den dreißiger Jahren von Canon B.H. Streeter, dem großen Gelehrten aus Oxford, erhielten unvermittelt eine neue Bedeutung: „Eine Nation (oder eine Welt) die intellektuell aufwächst, muß sich auch moralisch entwickeln oder zugrunde gehen." Es waren zu wenige, die solche Worte in Taten umsetzen konnten, und diese Vision verblaßte. Aber es war die richtige Vision.

Einige reagierten ganz anders. So gab es einen deutschen Kriegsgefangenen, einen leidenschaftlichen Nazi, der bei dem Gedanken aufgewühlt und verzückt war, welche gewaltige Macht über die Menschheit in den Atombomben enthalten war. Er beneidete die Piloten, die die Maschinen, die sie befördert hatten, geflogen haben. „Sie müssen sich wie Götter vorgekommen sein", erklärte er.

Für viele Wissenschaftler war es eine ernüchternde Erfahrung zu erkennen, wozu sie eigentlich beigetragen hatten. Bei vielen wurden die Empfindungen stärker als die Zeit verging und die Leiden in Japan bewußt wurden. Während des Krieges rangen sie mit Neutronenketten, Membranen, *Rennbahnen*, Produktionsstraßen, Plutonium, Implosion, Zündern. Jetzt standen sie dem Endergebnis ihrer Technologie gegenüber: Wunden, Verbrennungen, Strahlenschäden, Zerstörung, Tot.

In einer Vorahnung der Abschreckungstheorie soll Oppenheimer gesagt haben: „Die Atombombe ist eine so schreckliche Waffe, daß ein Krieg nicht mehr möglich ist". Die Angst vor nuklearer Vergeltung scheint ein wichtiger Faktor zur Vermeidung eines Krieges zwischen den Supermächten zu sein.

Zwei der Wissenschaftler, die eine besondere unmittelbare Verantwortung für die Atombombe empfanden, sind dem Autor persönlich bekannt: Frisch, einem der Autoren des Memorandums, mit dem das britische Atomprojekt 1940 wieder zu neuem Leben erweckt wurde, und Bohr, der Altmeister der Atom- und Kernwissenschaft. Der Autor hatte beide vor dem Krieg in Kopenhagen kennengelernt, Frisch als einen genialen und leidenschaftlichen Experimentator, Bohr als einen frohgemuten Erforscher der Grundlagen der materiellen Welt. Als er Frisch nach dem Krieg wieder traf, schien dieser aller seiner Begeisterung entblößt, während mir Bohr den tiefen Eindruck eines Mannes machte, der eine schwere Last zu tragen hat.

Für die in Großbritannien internierten deutschen Kernphysiker war die Nachricht aus Hiroshima niederschmetternd. Sie waren darauf völlig unvorbereitet und in der Meinung, daß die Atombombe noch in weiter Ferne sei! Der verantwortliche britische Offizier, Major T.H. Rittner, hörte die Nachricht vom BBC um 6 Uhr abends und ging los, um es Hahn zu sagen, einer von den Männern, die sozusagen die Zündschnur durch die Entdeckung der Spaltung anzündeten. Hahn sagte „Ich konnte es nicht glauben, aber der Major betonte, daß dies keine Zeitungsente sei, sondern eine offizielle Erklärung des Präsidenten der Vereinigten Staaten. Der Gedanke an das große Elend, daß das bedeutete, wollte mir fast jeden Mut nehmen, aber ich war froh, daß es nicht Deutsche, sondern anglo-amerikanische Alliierte waren, die das neue Kriegsinstrument hergestellt und angewendet hatten". Er sagte zu Rittner, daß er einmal Selbstmord beabsichtigt habe, als er zum ersten Mal erkannte, daß Spaltung zur Atombombe führen könne.

Die Mitinternierten vermißten Hahn beim Abendessen, und Wirtz ging, um sich nach ihm umzusehen. Er kam zu Rittners Büro gerade als die Nachricht in der nächsten BBC-Nachrichtensendung wiederholt wurde. Hahn und Wirtz unterrichteten dann die anderen gemeinsam darüber. Mitten in die dadurch ausgelöste Aufregung bestritt Heisenberg zunächst energisch, daß die neue Waffe wirklich eine Atombombe sein könnte. Das Wort *Atom* könne schließlich alles mögliche bedeuten und Uran war auch nicht erwähnt worden. Was Heisenberg jedoch nicht wegdiskutieren konnte, war die Aussage, daß die Explosion der von 20 000 Tonnen TNT entsprach.

Hiroshima und Nagasaki

Weitere Informationen kamen in den Hauptnachrichten um neun Uhr abends, einschließlich des Hinweises auf Uran und auf den enormen Umfang des amerikanischen Projekts. Die Deutschen konnten keinen Zweifel mehr haben. Sie waren verblüfft und überwältigt. Sie erkannten, daß sie weit davon entfernt waren, in der Welt führend zu sein, und total überrundet waren. Die rosigen Vorstellungen von einer Fortführung ihrer Arbeiten unter alliierten Vorzeichen waren jäh zerschmettert.

Ein junger Deutscher, Horst Korsching, machte diesen einschlägigen Kommentar: „(Die Atombombe) beweist, daß die Amerikaner auf jeden Fall zu einer echten Zusammenarbeit auch in riesigen Ausmaßen fähig sind. Das wäre in Deutschland unmöglich gewesen. Jeder erklärte, der andere wäre unwichtig."

Gelegentlich wird behauptet, daß die deutschen Reaktionen auf ihrer Unkenntnis über die Möglichkeit für die Atombombe beruhen. Die erbeuteten deutschen Dokumente bewiesen jedoch, daß ihnen das Wesentliche klar war. Ihre Verblüffung beruhte mehr auf ihrem Einblick in die Art und Weise der erfolgreichen Bewältigung der riesigen Aufgaben durch die Amerikaner.[1]

In Japan gab es zwei Reaktionen. Zuerst gab es den festen Entschluß, niemals Kernwaffen herzustellen, zu besitzen oder zu verwenden (dieser Entschluß stand einem großen Kernenergieprogramm später nicht im Wege), und zweitens sollten die Träger des japanischen Kriegsprojekts darüber Verschwiegenheit bewahren. Die amerikanischen Wissenschaftler, die im Kielwasser der Bomben das Land besuchten, vermochten den Vorhang des Schweigens nicht aufzureißen. Sie hatten die Anweisung, ihr japanisches Gegenüber höflich zu behandeln, so daß sie wenig sondierten. Japan erhielt sich das Bild des unschuldigen Opfers. Erst kürzlich wurde deutlich, daß seine Wissenschaftler und Militärs, wie andere Länder auch, die Bombe gemacht hätten, wenn sie es nur vermocht hätten.

Mit Hiroshima und Nagasaki hatte Amerika sein wesentliches Geheimnis preisgegeben, nämlich schlicht das Faktum, daß die Bombe hergestellt werden kann und daß die Theorie richtig ist. Die Welt wußte jetzt, daß es für die Bombenproduktion keine unüberwindlichen Hindernisse gibt. Jedes Land mit einer Gruppe kompetenter Wissenschaftler konnte diese nun zur Atombombenentwicklung abstellen, mit recht sicheren Erfolgsaussichten.

---

[1] Die deutschen Reaktionen auf die Nachrichten von Hiroshima wurden mit einem versteckten Mikrophon aufgenommen, aber lediglich Groves Auszüge aus einer englischen Übersetzung stehen heute zur Verfügung. Von den deutschen Internierten haben einige beanstandet, daß diese aus dem Zusammenhang gerissen seien und deshalb einen falschen Eindruck erweckten.

13 Nachkriegsjahre: Die Mitläufer schließen auf

In der Geschichte der Wissenschaften nimmt die Entdeckung der Kernspaltung einen einzigartigen Platz ein. Keine andere Einzelentdeckung hatte in so kurzer Zeit so dramatische Folgen. Innerhalb von vier Jahren führte sie zum ersten von Menschenhand geschaffenen Reaktor und drei Jahre später zur Atombombe.

Henry D. Smyth, der schon dem ursprünglichen *S-1 Committee* angehörte, fertigte auf Groves Wunsch einen detaillierten, halbtechnischen Bericht über diese Leistungen an, der 144 Seiten umfaßt und am 12. August 1945, drei Tage nach Nagasaki veröffentlicht wurde. Groves beabsichtigte dabei unter anderem, den Wissenschaftlern des *Manhattan Project* klar zu machen, wie weit sie in öffentlichen Diskussionen gehen durften. Bush und Conant wünschten die Veröffentlichung des *Smyth Report* ebenfalls und überzeugten Präsident Truman davon, daß die Verbreitung von *rücksichtslosen und aufgeregten* Versionen des Geschehens verhindert werden mußte.

Einige waren der Meinung, daß der *Smyth Report* bereits zu viel preisgab, aber es war nicht möglich, ihn zurückzuziehen, ebenso wie man, mit den Worten des Leitartiklers Drew Pearson gesprochen, ein „Ei nicht in die Henne zurückzuschieben kann". Szilard stellte fest, daß der Rest der Welt durch den Bericht auf den Kenntnisstand gebracht wurde, den die Amerikaner im Herbst 1942 erreicht hatten. Anderen Ländern wurde damit der Zugang zum Atomzeitalter eröffnet. In der UdSSR umfaßte die erste Auflage einer russischen Übersetzung nicht weniger als 30 000 Exemplare.

Dem *Smyth Report* folgten in den nächsten Jahren Publikationen hauptsächlich von Amerikanern, aber auch von Briten, Kanadiern und Franzosen, mit vielen wissenschaftlichen und technischen Mitteilungen über während des Krieges durchgeführte Arbeiten, aber sie enthielten nichts über die Technologie der Kernsprengstoffe und der Waffensysteme.

Während andere Staaten sich dieses Material systematisch aneigneten, um mit eigenen Kernprojekten zu beginnen, lief in den USA das *Manhattan-Project* aus und seine Belegschaft wanderte in die Universitäten und die Industrie ab. Eine Zeit lang gab es ein Durcheinander, denn es gab kein richtungsweisendes Programm mehr, dafür Ungewißheit über die Zukunft der vorhandenen Anlagen. Groves wußte, was er wollte: Alles unter militärischer Kontrolle halten. Aber die Wissenschaftler kämpften und gewannen die

Nachkriegsjahre: Die Mitläufer schließen auf

Schlacht: Für die Übernahme wurde eine zivile Körperschaft, die *US Atomic Energy Commission*, geschaffen. Die Übergabe fand Ende 1946 statt, wobei die Army nicht einmal Los Alamos behielt.

Die politische Auseinandersetzung entzündeten sich an der Zerstörung der japanischen Zyklotrons im Herbst 1945 auf Grund von Befehlen, die von Groves Büro ausgingen. Der Zweck war natürlich gewesen, den Japanern alles zu nehmen, was die Herstellung einer Atombombe ermöglicht hätte. Die Wissenschaftler sahen in den Zyklotrons jedoch nur reine Forschungsinstrumente, die einen sehr begrenzten Bezug zu waffentechnischen Arbeiten hatten. Sie behaupteten, wenn die Army das nicht versteht, dann ist sie auch für die Durchführung des amerikanischen Friedensprojekts nicht in der Lage.

Die zivile Aufsicht bedeutete aber nicht: keine weiteren amerikanischen Bomben. Daß die Amerikaner ihren Kernwaffenvorrat ausbauen müßten, wurde als selbstverständlich vorausgesetzt. Die Anlagen aus den Kriegszeiten blieben deshalb erhalten und für ihre Wissenschaftler gab es hier viel Arbeit. Unter dem zeitlichen Druck des Krieges hatten sie viele interessante Forschungen zurückstellen müssen, die sie jetzt wieder aufnahmen. Dazu gehörte eine große Ideenvielfalt für Reaktorkonstruktionen, aus der schließlich ein kommerzielles Kernkraftprogramm entstehen sollte.

Für andere Staaten ergab sich unmittelbar die Möglichkeit für den Aufbau eines Kernforschungszentrums. Einige besaßen die nötigen Kenntnisse für den Aufbau eines eigenen kleinen Forschungsreaktors, andere wurden später in die Lage versetzt, sie aus den USA zu erhalten. Aber auch ohne Forschungsreaktor bestanden Anwendungsmöglichkeiten von Radioisotopen und Strahlung, z. B. in der Landwirtschaft und in der Medizin. Dazu brauchte es keine großen Anlagen und es konnte praktisch überall erfolgreich angewandt werden.

In dieser Zeit träumten viele Leute von einer billig und überreichlich vorhandenen Kernkraft für die Menschheit, so daß besonders die hochindustrialisierten Nationen das Forschungszentrum als einen wichtigen Schritt in Richtung auf ein Energieprogramm betrachteten. Das Zentrum würde einen Stab von Experten und später die Grundlagen für eine technische Planung schaffen, und bis dahin gab es viel Vorbereitungsarbeiten und reine Grundlagenforschung.

Die tatsächliche Verwirklichung der Kernkraftnutzung wurde immer als eine Zukunftsaufgabe angesehen. Im *Smyth-Report* war vorsichtig abgeschätzt worden, daß in etwa zehn Jahren damit begonnen werden könnte, und das nur für besondere Anwendungen. Tatsächlich wurde die Kernkraft zehn Jahre später für den Antrieb eines amerikanischen U-Bootes und 11 Jahre später für die industrielle Stromerzeugung in Großbritannien genutzt. Danach erfolgte die große Expansion über die ganze Welt.

In der dazwischenliegenden Zeit, in der die Atomwaffen die Szene beherrschten, gab es eine ganze Anzahl von Erschütterungen. Am 6. September 1945 lief Igor Gouzenko, ein Chiffrierangestellter der sowjetischen Botschaft in Ottawa, über und deckte die Existenz eines großen russischen Spionageringes in Nordamerika auf, dem auch Alan Nunn May angehörte, ein höherer britischer Physiker im *Montréal Laboratory*. Als Student war Nunn May 1930 in Cambridge als Kommunist eingetragen, verhielt sich aber ziemlich ruhig und wurde ein unauffälliger Akademiker. Dies machte ihn zu der Sorte von Leuten, die die Russen brauchen konnten, und es gibt Hinweise dafür, daß sie ihn schon relativ frühzeitig als potentionellen Spion vorsahen, um ihn sich dann kurz vor dem *Trinity Test* nutzbar zu machen. Er reagierte bereitwillig, übergab ihnen Kerngeheimnisse und Unterlagen und erklärte später: „Ich war der Ansicht, daß ich damit einen Beitrag zur Sicherheit der Menschheit leisten konnte".

Nunn May lehnte wie Fuchs grundsätzlich die angebotenen materiellen Belohnungen ab. Der UdSSR gaben sie wertvolle Geheimnisse preis, weil der Kommunismus sich auf ihre Treuepflicht berief, die stärker als heilige Eide sein konnte.

Vier Jahre nach der Gouzenko-Affaire gab es einen weiteren schweren Schock, nämlich eine Kernexplosion in der UdSSR am 29. August 1949. Für den Westen kam sie völlig überraschend. Die USA hatten nicht erwartet, daß sie ihre Monopolstellung so früh verlieren würden, und Großbritannien hatte damit gerechnet, nach den USA der nächste Atombombenproduzent zu sein.

Heute wissen wir, daß die russischen Wissenschaftler am 25. Dezember 1946 eine Kettenreaktion auslösten, und mit der Plutoniumproduktion wohl erst im Herbst 1948 anfingen. Der russische Zeitplan folgte dem amerikanischen also weitgehend, nur alles vier Jahre später.

Das entsprach auch mehr oder weniger dem, was Amerikas Experten vorausgesagt hatten. Bethe hatte bei Kriegsende in Los Alamos geschätzt, daß den Russen die Atomwaffenentwicklung noch drei bis sechs Jahre kosten würde, und ähnliche Angaben wurden auch von anderer Seite gemacht. Die Explosion von 1949 hätte deshalb also keine Überraschung sein dürfen. Wahrscheinlich wurde man träge und gleichgültig, als Jahr für Jahr verging ohne Nachrichten über sowjetische Kernaktivitäten; daß dies kein Mangel an Taten, sondern die Folge einer strengen Geheimhaltung war, scheint ihr nie aufgegangen zu sein.

Einige Monate nach der russischen Kernexplosion erfolgte am 2. Februar 1950 die Verhaftung von Klaus Fuchs, was am Ende dieses Kapitels im Einzelnen beschrieben werden soll. Er war ein viel gefährlicherer Atomspion als Nunn May; während einer Reihe von Jahren hatte er Unmengen an hochgeheimen Informationen weitergegeben. Die Spionage wurde deshalb als Erklärung für den raschen Fortschritt der Russen auf dem Gebiet der Waffen verstanden. Von Fuchs wurde deshalb behauptet, er habe „das Geheimnis der Atombombe" verraten, so als ob *das Geheimnis* vergleichbar wäre mit einem Kennwort oder einer Tresorkombination. Tatsächlich waren aber die Grundlagen der Theorien für die Bombe allgemeines Wissensgut und Hiroshima und Nagasaki hatten deren Richtigkeit bewiesen. Darüberhinaus war eine große Menge technischer Details bekannt, die die UdSSR selbst weiterentwickeln konnte, was aber ohne die Informationen durch Fuchs wahrscheinlich ein weiteres Jahr oder zwei in Anspruch genommen hätte.

Was der UdSSR vermutlich am meisten geholfen hat war, daß sie etwa Mitte 1942 von Fuchs erfuhr, daß Großbritannien die Bombe ernst nahm, und 1943, daß die USA große Anstrengungen machten. Dies mag erklären, wieso die Russen ihr Projekt im Februar 1943 anlaufen ließen, also mitten in einer verzweifelten Kriegslage. Ohne ein hervorragend bemanntes eigenes Projekt hätten ihr all die Atomspione in der ganzen Welt nichts genützt.

Das einzige andere Land, das in diesen ersten Jahren Atomwaffen entwickelte, war Großbritannien. Die Grundlagen des britischen Projekts wurden im *Montréal Laboratory* gelegt, das Cockcroft 1944 von Halban übernommen hatte, der sich auf mehr als einem Gebiet als schwierig erwiesen hatte. Unter Cockcroft stieg die Zahl der Mitarbeiter, die aus verschiedenen Ländern kamen, auf etwa hundert an, ihre Arbeitsmoral wurde verbessert, und in einem wenn auch begrenzten Rahmen wurde die Kooperation mit den Amerikanern wiederhergestellt.

Cockcroft hatte seine konkreten Vorstellungen über das künftige Projekt für Großbritannien vielleicht klarer definiert als die Regierung, und entsprechend dirigierte er auch die Vorbereitungen. Die Kernwaffen hielt er für die erste Aufgabe, mit der Kernkraft als Fernziel. Die allgemeine Kernforschung würde dabei stets benötigt werden und Arbeiten mit Radioisotopen würden ohne weiteres mit in das Projekt aufgenommen werden.

Der Ausgangspunkt sollte eine experimentelle Institution sein, und die wurde 1946 von der Regierung auf dem Gelände eines ehemaligen Stützpunktes der *Royal Air Force* in Harwell in den Hügeln der Berkshire-Downs eingerichtet. Unter dem Namen *Atomic Energy Research Establishment* war es zunächst ein Allzweckkernzentrum, aber mit der zunehmenden Weiterentwicklung dieses Projektes wurden viele seiner Zuständigkeiten auf neue Institutionen übertragen.

Unter Cockcrofts lockerer Leitung mußten die Mitarbeiter, die hauptsächlich jung und hochqualifiziert aus Nordamerika zurückkehrten, Harwell ohne amerikanische Mithilfe in Betrieb setzen. Die Amerikaner hatten nach dem Krieg in der Kernpolitik eine isolationistische Stellung bezogen, und der Fall Nunn May, der sich gerade in dieser Zeit ereignete, trug nicht zu einer Verbesserung der anglo-amerikanischen Beziehungen bei. Ungehindert davon arbeiteten in Harwell binnen ein oder zwei Jahren zwei Forschungsreaktoren und ein großes Zyklotron.

Nachkriegsjahre: Die Mitläufer schließen auf

Die britische Regierung entschied sich tatsächlich erst für die Herstellung von Atombomben, nachdem Harwell schon einige Monate in Betrieb war, und damit auch für die Errichtung der Anlagen, die Cockcroft und sein Team schon immer geplant hatten. Das bedeutete den Bau von Reaktoren für die Plutoniumproduktion, eine chemische Anlage zur Trennung vom abgebrannten Brennstoff (beides in Windsdale/Cumbria, das heute unter dem Namen Sellafield bekannt ist) und eine waffentechnische Anlage (in Aldermaston in Berkshire), um die Bomben selbst herzustellen. Dem folgte eine Diffusionsanlage (in Capenhurst in Cheshire) zur Herstellung des alternativen ^{235}U-Kernsprengstoffs.

Für die industrielle Seite war Christopher Hinton zuständig, ein Ingenieur, der während des Krieges Geschütz- und Munitionsfabriken geleitet hatte. Der Bereich der Waffensysteme wurde Penney anvertraut, der in Los Alamos dabeigewesen war. Zusammen mit Cockcroft bildeten sie ein hervorragendes Trio, ein jeder vorzüglich für seine anspruchsvolle Pionieraufgabe qualifiziert. Jeder von ihnen hätte woanders ein leichteres oder besser bezahltes Dasein führen können, zog es aber trotzdem vor, seine ganzen Fähigkeiten in die Schaffung der notwendigen neuen Organisationen einzubringen. Gemeinsam verschafften sie Großbritannien in den fünfziger Jahren eine führende Stellung auf dem Kernsektor.

Ganz nahe zur Zentrale der frühen Forschung und Planung befand sich Fuchs, der die Abteilung Theoretische Physik in Harwell leitete, nachdem er 1946 aus Los Alamos zurückgekehrt war. Er sagte sogar von sich selbst: „Ich *bin* Harwell". Er war noch immer nicht verdächtig, aber Henry Arnold, der dortige Sicherheitsbeamte, wollte doch gern genauer wissen, was für ein Mensch Fuchs wirklich war.

Arnold schlug eine unorthodoxe Entwicklung seiner Arbeit ein. Er sah sich besonders nach ideologisch motivierten Individualisten um, da sie sich seiner Meinung nach etwas außerhalb der großen Masse befanden. Fuchs war sicher ein ungewöhnlicher Typ, der – ironisch genug, – ein besonderes Sicherheitsbewußtsein hatte. Arnold nahm sich vor, ihn kennenzulernen.

Zu dieser Zeit wurde Fuchs immer desillusionierter über die UdSSR und ihre Nachkriegspolitik. Während er bei seinem Eintreffen in England praktisch nur Kontakte zur linken Szene hatte, brachte ihn seine Arbeit für die Regierung in Kontakt zu den verschiedenartigsten Personen. Bei einigen erkannte er „eine tiefsitzende Bodenständigkeit, die sie in die Lage versetzt, ein ordentliches Leben zu führen". Das veränderte schließlich seinen Standpunkt und er erkannte für sich selbst, daß es „gewisse Normen des moralischen Verhaltens gibt, die man nicht mißachten kann".

Während Fuchs seine inneren Konflikte ausfocht, kam im Sommer 1949 ein Hinweis vom amerikanischen FBI, daß Atombombeninformationen wahrscheinlich durch einen britischen Wissenschaftler in die UdSSR gelangt

Nachkriegsjahre: Die Mitläufer schließen auf

seien. Unter einer Anzahl von Möglichkeiten dachte Arnold an Fuchs, obwohl es kaum konkrete Beweise gab, zu wenig, um vor einem britischen Gerichtshof zu bestehen, es sei denn, daß Fuchs sie selbst liefert.

Daß Arnold und sein Kollege William Skardon Fuchs zum Geständnis und zur vollständigen Zusammenarbeit bringen konnten, sagt viel über ihre Geschicklichkeit und Sensibilität, denn sie kannten Fuchs' irrige Vorstellung ja nicht, daß ihn die Todesstrafe erwarte.

Für seine Kollegen war die Festnahme von Fuchs eine üble Überraschung. Dem Autor dieses Buches sagte Arnold, daß einer der Kollegen Hals über Kopf aus Schottland angereist kam, um mit den Worten „Ich kann diese Anschuldigungen nicht glauben" seine Hilfe anzubieten. „Du wirst es, wenn Du die Beweise erfährst" antwortete Fuchs lakonisch. Ein anderer höherer Mitarbeiter sagte zu Arnold „Auch nachdem ich alle Beweise gehört habe, fällt es mir noch immer schwer, zu glauben, daß er es wirklich getan hat". Heutzutage ist uns die zersetzende Macht der Ideologien bedauerlicherweise besser vertraut. Von solcher Macht wieder frei zu werden, ist nach wie vor selten, - so wie es Fuchs widerfuhr, als sich seine ihn motivierenden Überzeugungen änderten, - als er es bereute, um ein gutes altes Wort zu benutzen.

Wenn man die Wandlungen, die sich in Fuchs vollzogen, damals besser verstanden hätte, wäre er vielleicht anders behandelt worden. Für den Kronanwalt, der die Anklage erhob, war sein Geständnis lediglich „eine seltsame Erscheinung, jenen absonderlichen psychologischen Prozessen eigen, die die Gefolgsleute kommunistischer Parteien durchzumachen scheinen". Die Naturalisierung von Fuchs wurde widerrufen, obwohl dies zur Folge hatte, daß seine großen geistigen Fähigkeiten nach der Verbüßung seiner Haft dem Osten und nicht dem Westen zur Verfügung standen.

Die erste russische Kernexplosion, der Fall Fuchs und das Verschwinden von Pontecorvo, einem Mitarbeiter von Fermi noch aus der römischen Zeit, aus seiner leitenden Stellung in Harwell und sein Wiederauftauchen in der UdSSR im gleichen Jahr 1950, erhöhten vom militärischen Standpunkt aus die Dringlichkeit für das britische Projekt. Die erste britische Testexplosion erfolgte am 3. Oktober 1952 auf den Monte Bello Inseln, keine 80 km vor Australien, und Großbritannien war der dritte Staat mit atomaren Waffen.

Der Vierte sollte Frankreich werden. Charles de Gaulle hatte Ottawa im Juli 1944 besucht und wurde dabei von Jules Guéron, einem Wissenschaftler im *Montréal Laboratory*, heimlich über die Atombombe informiert. Nach der Befreiung von Paris kamen andere Franzosen von Montréal nach Europa, um Joliot ins Bild zu setzen. Groves war darüber bestürzt, weil ihm Joliots Kommunismus bekannt war, konnte aber wenig ausrichten.

Mit einem Befehl vom 18. Oktober 1945 richtete de Gaulle das *Commissariat à l'Energie Atomique (CEA)* ein und erklärte dessen Zweck damit, daß Frankreich in die Lage versetzt werden sollte, eigene Kernwaffen herzustel-

Nachkriegsjahre: Die Mitläufer schließen auf

len. Bald darauf verließ er jedoch die politische Szene, womit Joliot die Freiheit bekam, zumindest für eine begrenzte Zeit seine eigenen politischen Ziele zu verfolgen. Er erklärte, daß die Absichten des *CEA* rein friedlicher Natur seien; sein vorrangiger Zweck sei, Frankreich mit Kernkraft zu versorgen, weil es mit einheimischen Energiequellen schlecht versorgt sei. Selbst wenn Joliot die Herstellung von Atomwaffen beabsichtigt haben sollte, so würde dies Ende der 40er Jahre Frankreichs Möglichkeiten überschritten haben.

Die Schwierigkeiten, denen das *CEA* im vom Krieg mitgenommenen Land gegenüberstand, waren wirklich riesenhaft. Eins seiner ersten Ziele war ein Schwerwasserreaktor. Glücklicherweise besaß Frankreich 16 Tonnen Uranverbindungen, wovon sieben 1940 in Marokko versteckt worden waren, und neun Tonnen wurden in einem Eisenbahngelände in Le Havre gefunden, wo sie während der ganzen deutschen Okkupation unerkannt und unbeachtet gelegen hatten. Das schwere Wasser kam aus Norwegen. Der ursprüngliche Plan des *CEA* bestand aus einem Reaktor, der Wärme erzeugte, mit dem man Erfahrungen über Kühlsysteme gewinnen sowie beträchtliche Mengen Plutonium herstellen konnte, aber es war zu wenig über das Wärmeverhalten der verschiedenen Reaktormaterialien bekannt; die Wissenschaftler mußten sich mit einer Niedrigenergieanlage zufrieden geben. Eine zeitlang wurde sie *French Low Output Pile* genannt, bis Joliot entdeckte, was das englische Wort *Flop* bedeutet (Anm. d. Übers.: Mißerfolg).

Die Arbeiten begannen unter Kowarski Mitte 1947 mit höchster Priorität, der ein Jahr zuvor aus Montréal zurückgekehrt war. Das Ansehen und wahrscheinlich auch die künftige Finanzierung des *CEA* standen auf dem Spiel, wenn der Termin Ende 1948 nicht eingehalten werden würde, so daß es ein großes Erfolgserlebnis war, als der Reaktor zur Erleichterung der Beteiligten am Morgen des 15. Dezember kritisch wurde.

In Großbritannien und den USA gab es einige Bestürzung über die Schnelligkeit des französischen Erfolges und darüber, daß Joliot der UdSSR Reaktorgeheimnisse verraten könnte. (In Wirklichkeit gab es wenig, was die Russen nicht schon wußten.) Joliot erklärte rund heraus, daß kein anständiger Franzose, ob Kommunist oder nicht, je nationale Geheimnisse fremden Mächten aushändigen würde. Hierfür wurde er in Paris öffentlich von der Partei gebrandmarkt: ihr Parteisekretär, Jacques Duclos erklärte, „ein Progressiver hat zwei Vaterländer, sein eigenes und die Sowjetunion".

Joliot hätte aus der kommunistischen Partei austreten oder von ihr ausgeschlossen werden können, aber bald darauf begannen die Kommunisten mit einer internationalen Friedenskampagne, wozu sie seine Redeauftritte und sein Ansehen brauchten. Er widmete seine Zeit mehr und mehr der Propaganda, und das zum Schaden seiner führenden Stellung im *CEA*. Schließlich gab er 1950 auf dem Nationalkonkreß der Kommunistischen Partei bekannt, daß er es ablehnen würde, wenn man ihn um die Herstellung von Kernwaf-

Nachkriegsjahre: Die Mitläufer schließen auf

fen bitten sollte, und in diesem Sinn wurde bei den *CEA*-Mitarbeitern eine Unterschriftenaktion gestartet. Das forderte die Regierungsautorität heraus, worüber sich Joliot selbst im klaren war, und brachte sie in ihren Verhandlungen mit den Amerikanern schwer in Verlegenheit. Der Premierminister teilte Joliot am 26. April 1950 mit, daß er entlassen sei.

Für ein oder zwei Jahre befand sich das *CEA* in einer Flaute, danach begann es jedoch, sich rasch zu vergrößern, und zwar mit einem Konzept, das im damaligen Stadium etwa der gleichen Richtung folgte wie das britische. Aber auch als Joliot nicht mehr im Wege stand, gab es bis zur Rückkehr von de Gaulle an die Macht 1958 keine Verpflichtung zur Herstellung von Atomwaffen; die ersten französischen Waffentests in der Sahara erfolgten erst im Februar 1960.

Lange vorher hatten die USA und die UdSSR die Wasserstoff- oder Thermonuklearbombe getestet, die Superbombe. Die USA hatten die Entscheidung über die Fortführung ihrer Entwicklung erst nach langwierigen Debatten in Regierungskreisen getroffen, nämlich zwischen jenen, die meinten, daß die Sicherheit des Staates davon abhinge, und denen, die meinten, die Waffe wäre zu mörderisch. Unter den Wissenschaftlern war Teller einer der Hauptbefürworter und Oppenheimer einer der Hauptgegner.

Oppenheimers Ablehnung der Superbombe sollte ihn teuer zu stehen kommen. Es war einer der wichtigsten Streitpunkte bei den Anhörungen (Anm. d. Übers.: Vor dem Kongreß der USA) im Jahr 1954, ob er ein Sicherheitsrisiko sei oder nicht. Los Alamos hatte er zu jener Zeit schon längst verlassen. Die offiziellen Anklagen gegen ihn bezogen sich hauptsächlich auf seine Verbindungen zum Kommunismus, aber bei den Anhörungen wurde den Ratschlägen, die er über Kernwaffen angeboten hatte, das größte Gewicht beigemessen mit der Begründung, er habe absichtlich die Interessen der UdSSR unterstützt. Allerdings gab es keine Beweise, daß er irgend etwas anderes getan habe als eine persönliche Meinung zum Ausdruck zu bringen. Teller stand im krassen Gegensatz zu Oppenheimers Ansichten, zweifelte aber nicht an seiner Loyalität, wenngleich er seine *Weisheit und Urteilsfähigkeit* bezweifelte. Das Ergebnis der Anhörungen war die Rücknahme seiner Unbedenklichkeitsbescheinigung.

Die Entscheidungen, mit der Superbombe weiterzumachen, wurde 1949 durch den ersten sowjetischen Atombombentest beschleunigt und von Truman am 31. Januar 1950 bekanntgegeben.

Für eine Kernfusionsexplosion sind sehr hohe Starttemperaturen erforderlich, die z. B. durch eine vorhergehende Kernspaltungsexplosion erzeugt werden können, worauf bereits hingewiesen wurde. Die Verwendung einer großen Spaltungsexplosion für eine kleine Fusionsexplosion ist vergleichsweise einfach. Unter bestimmten Umständen kann ein Verstärkereffekt beobachtet werden, wobei die Neutronen aus der Fusion die Ausbeute der Spaltungsex-

Nachkriegsjahre: Die Mitläufer schließen auf

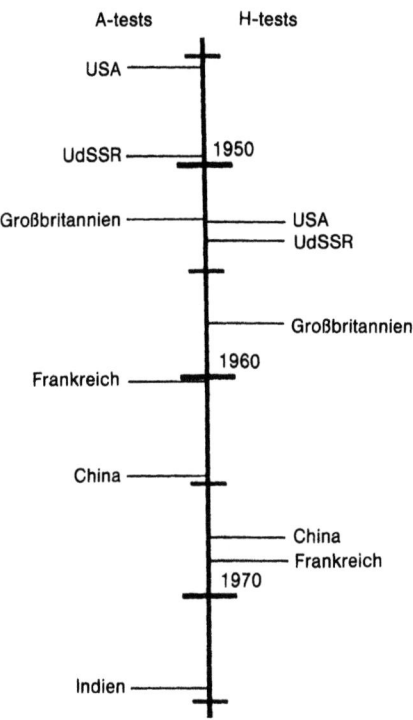

Abb. 15. Die Zeitpunkte der ersten Testexplosionen in den angegebenen Ländern (kein anderes Land hat Kernexplosionen ausgeführt)

plosion erhöhen. Die Amerikaner testeten eine derartige Vorrichtung am 24. Mai 1951 auf dem Eniwetok-Atoll im Pazifik.

Die Herstellung einer echten Superbombe, bei der eine große Menge an thermonuklearem Brennmaterial mithilfe einer relativ kleinen Spaltungsexplosion gezündet wird, ist sehr viel schwieriger. Dies erreichten die Amerikaner am 1. November 1952 wiederum auf Eniwetok. Diese Explosion ist unter dem Namen *Mike* bekannt und war tausendmal stärker als die von Hiroshima. Das thermonukleare Explosionsmaterial war bei *Mike* jedoch ein flüssiges Wasserstoffisotop, nämlich flüssiges Deuterium, das für Waffensysteme gar nicht geeignet ist. Erst im Frühjahr 1954 wurde ein System, in dem die Flüssigkeit durch einen Festkörper (Lithiumdeuterid) ersetzt worden war, von Amerikanern erfolgreich getestet.[1]

---

[1] Heute verwenden die Amerikaner für die Wasserstoffbomben Tritium, d.i. das Wasserstoffisotop, das aus einem Proton und zwei Neutronen besteht. Bei der Fusion zu

Nachkriegsjahre: Die Mitläufer schließen auf

Die Sowjetunion zündete ihre erste thermonukleare Explosion am 12. August 1953. Die Explosion war viel geringer als die von *Mike*, erfolgte aber mit Lithiumdeuterid, weshalb die Russen den Anspruch geltend machen konnten, mit der Entwicklung der wahren Wasserstoffwaffensysteme an der Spitze zu liegen. Ihr zweiter Test am 23. November 1955 war mit dem amerikanischen Test von 1954 eher vergleichbar, allerdings etwas kleiner.

Der russische Erfolg basierte auf der Leistung von Andrej Sacharov, der heute weltweit bekannt ist für seinen mutigen Kampf für die Menschenrechte. Bei der Herstellung der Superbombe soll er einige kritische theoretische Probleme gelöst und für den Test 1953 das Lithiumdeuterid vorgeschlagen haben. Er wurde *der Vater der russischen Wasserstoffbombe* genannt. Im Jahr 1953 wurde er mit nur 32 Jahren das jüngste Mitglied der Russischen Akademie der Wissenschaften sowie *Held der Arbeit*. Seine Landsleute erfüllte es mit Stolz, daß er ein gänzlich russisches Produkt war, ausschließlich in der Sowjetunion ausgebildet.

Anfang der 50er Jahre war er hauptsächlich Techniker und leistete vorzügliche technische Entwicklungen, aber schon damals las er alles, was er zur Erweiterung seines Gesichtsfeldes bekommen konnte und er war beeindruckt von Bohrs dringenden Appellen für eine offenere Welt. Bohr hatte sie erstmals 1944 ausgesprochen und für den Rest seines Lebens wurde sie sein Hauptanliegen. Am 9. Juni 1950 richtete er einen langen und sorgfältig formulierten offenen Brief hierüber an die Vereinten Nationen. Während des kalten Krieges mag er für geschäftige Politiker verschwommen und unbrauchbar erschienen sein, aber Bohrs Ideen fanden in Sacharovs Ansichten Resonanz und wirkten sich zweifellos auf dessen ungewöhnliche Entwicklung der eigenen Anschauungen aus.

Gerade infolge seiner Arbeit für die Superbombe geriet Sacharov auf seine abweichlerischen Wege, auf denen er zunächst noch durch sein großes Ansehen geschützt war. Aus Sorge über den radioaktiven Atomniederschlag organisierte er 1957 eine Kampagne für eine Unterbrechung der Atomwaffenversuche. Andere wissenschaftliche Anliegen begannen, ihn zu beunruhigen, so etwa die falsche Vererbungslehre von Trofim Lysenko, die Stalin gefördert hatte. Im Jahr 1966 konnte er sich endgültig nicht mehr mit dem sowjetischen

---

Helium werden also zwei Neutronen freigesetzt, die wiederum die Plutoniumspaltung beschleunigen. Im Gegensatz zum Plutonium mit einer Halbwertszeit von 23 000 Jahren muß das Tritium für die Wasserstoffbomben regelmäßig ersetzt werden, weil jährlich 5,5% davon zerfallen. Deshalb soll in 10 Jahren im *Idaho National Engineering Laboratory* ein zusätzlicher Reaktor in Betrieb genommen werden, der auf einer in der Bundesrepublik Deutschland mit entwickelten Hochtemperatur-Gaskühltechnologie (vgl. Physics Today, Sept. 1988, S. 48) beruht und sowohl Tritium als auch Plutonium produziert (d. Übers.).

Nachkriegsjahre: Die Mitläufer schließen auf

Establishment identifizieren und zwei Jahre darauf wurde das von seinen Ideen erfüllte Buch *Wie ich mir die Zukunft vorstelle* (Diogenes TB 1973) im Westen publiziert. Seine innere Unabhängigkeit konnte jetzt nicht mehr toleriert werden und eines Tages wurde ihm der Zutritt in das streng geheime Institut verwehrt. Dies war ein harter Schlag, versetzte ihn aber in die Lage, seine Zeit dem Beistand der Opfer des Regimes zu widmen und zu versuchen, das Denken und Handeln der Bürger der UdSSR zu ändern.

Großbritannien und Frankreich folgten den USA, und der UdSSR in der Entwicklung der Superbombe, und auch die Volksrepublik China beteiligte sich am Atomwaffenwettlauf, und zwar zuerst mit einer Atombombe und dann mit einer Wasserstoffbombe. Der einzige weitere Staat, der eine Kernwaffe explodieren ließ, war Indien, wobei es sich aber nicht um eine Bombe handelte und versichert wurde, daß die Absichten rein friedlicher Natur seien. Die Welt muß dankbar sein, daß seit 1945 Atomwaffen niemals eingesetzt wurden, obwohl die Gefahr ständig besteht. Unter all den widersprüchlichen Vorstellungen hierzu sei eine Aussage der Gouverneure und Bürgermeister von Hiroshima und Nagasaki aus dem Jahr 1950 zitiert:

„Wir haben am eigenen Leibe erfahren, daß die Atombombe die fürchterlichste Waffe ist, die bisher zur Vernichtung des Menschen entwickelt wurde. Aber sie ist nur eine Waffe, und wer glaubt, Kriege verhindern zu können, wenn er die eine oder andere Waffe ächtet, hat den Kern des Problems nicht erkannt. Frieden können wir nur schaffen, wenn wir lernen, die Beweggründe zu erfassen und zu ändern, derentwegen Menschen und Nationen einander fürchten und hassen."

Japan führte diese Veränderung aus, wie B. Entwistle in seinem Buch *Japan's Decisive Decade* (Grosvenor, London 1985) ausgeführt. Eine entschlossene Minderheit brachte nach der Niederlage Japan auf einen neuen Kurs, der in der Reise des Premierministers in sieben asiatische Nachbarländer, Australien und Neuseeland während des Jahres 1957 gipfelte: Japan entschuldigte sich für seine Aggressionspolitik im Zweiten Weltkrieg.

Die Welt war durch Atomwaffen in das Atomzeitalter eingeführt worden, und in den ersten Nachkriegsjahren dominierten Waffen die Atomdiskussion. Die andere Komponente, die Kernkraft, folgte in den USA, in der UdSSR und in Großbritannien mit etwa zehn Jahren Verzögerung und ging aus dem militärischen Programmen hervor. Auch die kanadischen und französischen Kernkraftprojekte verdanken dem *Manhattan-Project* vieles, obwohl hauptsächlich indirekt durch das *Montrèal Laboratory*.

Keine Nation ist den umgekehrten Weg von der Kernkraft zu den Kernwaffen gegangen. Jeder Staat, der sich zur Atombombenherstellung entschließt, wird seine Kernkraftwerke kaum für die Waffenherstellung verwenden können, denn sie sind dafür wenig geeignet.

14 Energie für die Welt

Das Atom- oder Kernzeitalter ist das Zeitalter, in dem der Mensch lernte, aus dem Atomkern Energie zu gewinnen. Das kann er durch die Explosion von Bomben oder aber mit gleichbleibender, geregelter Geschwindigkeit in einem Kernreaktor, der zur Stromerzeugung verwendet wird. Für Bomben kann man die Spaltung von großen, schweren Kernen verwenden sowie für noch größere Bomben die Verschmelzung von kleinen, leichten Kernen. Für elektrische Energie kann man die Spaltung verwenden, aber bis jetzt noch keine Fusionsreaktion. Der Strom aus der Kernfusion liegt noch in ferner Zukunft, wobei es gar nicht gewiß ist, ob es sich dabei überhaupt um ein praktizierbares Vorhaben handelt.

Eine vollständige Geschichte der Kernkraft würde den Rahmen dieses Buches überschreiten, aber in einer Übersicht soll gezeigt werden, wie die in den vorangegangenen Jahren geleisteten Pionierarbeiten angewendet wurden. Außerdem bedarf es einer angemessenen Ausgewogenheit zwischen zivilen und militärischen Anwendungen.

Die erste Verwendung eines Kernreaktors zur Stromerzeugung hat vermutlich im Dezember 1951 in den USA stattgefunden. Dies geschah auf experimenteller Grundlage. Der erste Reaktor, der speziell auf Energiegewinnung ausgelegt war, wenn auch nur für Vorführzwecke, war ein kleiner Reaktor in Obninsk bei Moskau, der im Juni 1954 in Betrieb genommen wurde. Die Stromerzeugung im industriellen Maßstab begann 1956 in Großbritannien. Die Königin schaltete am 17. Oktober 1956 einen Kerngenerator in Calder Hall in Cumbria ans Netz[1].

Die Energieerzeugung verlangt die Nutzbarmachung statt der Abführung der Reaktorwärme, wie es während des Krieges bei den Reaktoren für die Plutoniumproduktion in den USA noch der Fall war. Die Wärme eines Kernkraftwerkes wird für die Dampferzeugung verwendet (Abb. 17), und von da an ähnelt das Kernkraftwerk konventionellen Kraftwerken mit seinen Turbinen und anderen Maschinen. Das zugrundeliegende Prinzip ist einfach, aber

---

[1] Noch während der Entwicklung der ersten Kernkraftwerke ließ sich die britische Regierung im Juni 1956 bereits ausführlich über *die Strahlengefährdung des Menschen* unterrichten. Eine deutsche Übersetzung des britischen Ergebnisprotokolls wurde von der Interparlamentarischen Arbeitsgemeinschaft zugänglich gemacht (d. Übers.).

Energie für die Welt

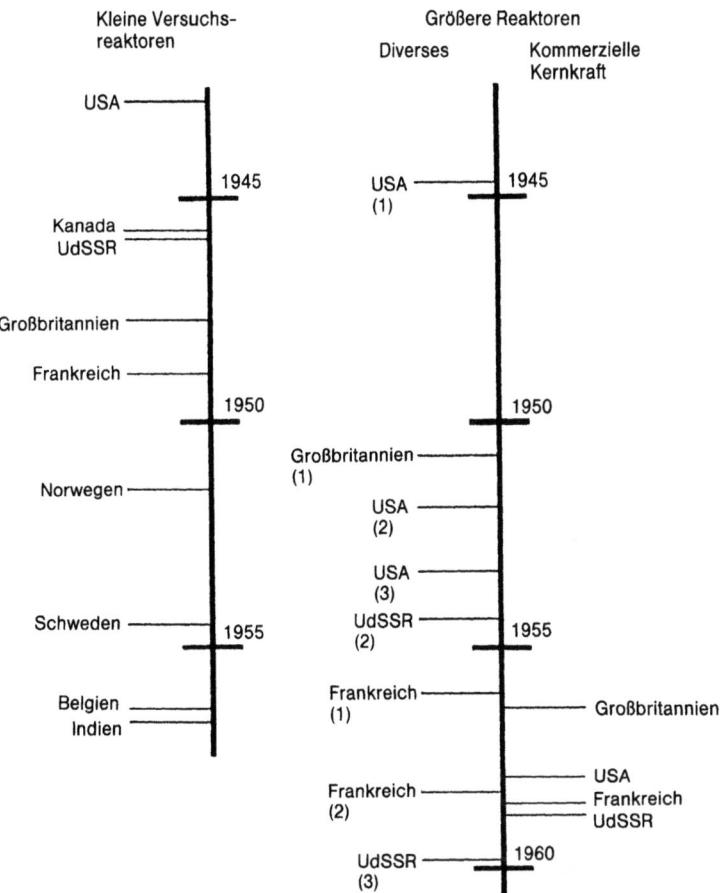

Abb. 16. Inbetriebnahme von Reaktoren. *Links* die Termine für die ersten Reaktoren in den angegebenen Ländern. *Rechts* die Termine für die ersten Anwendungen größerer Reaktoren in den betreffenden Ländern für
(1) Herstellung von Plutonium,
(2) Stromerzeugung in kleinem Maßstab,
(3) Schiffsantrieb und kommerzielle Energieerzeugung.
(Zu den angegebenen Zeitpunkten wurde meist erstmals der kritische Zustand erreicht)

die Technologie stellt neue schwierige Probleme, zum Teil wegen der hohen Strahlendichte im Inneren des Reaktors.

Bei den Reaktoren in Calder Hall in Großbritannien war die Plutoniumproduktion noch immer der Hauptzweck und der Strom nur ein nützliches

Energie für die Welt

Nebenprodukt, obwohl doch die Regierung schon im Februar 1955, noch vor der Inbetriebnahme, ein rein ziviles Kernprogramm verkündet hatte, dessen Umfang in weiteren Bekanntmachungen zwei Jahre später verdreifacht wurde. In Rahmen dieses Programms wurden 18 sogenannte Magnox-Reaktoren gebaut, von denen der erste 1962 und der letzte 1971 mit der Stromerzeugung begann. Damit wurden 10 Prozent des britischen Stroms aus Kernkraft gewonnen und Großbritannien konnte sich rühmen, daß es mehr Atomstrom produziert als der Rest der Welt insgesamt.

Großbritannien war aus einem schmerzlich verspürten Energiemangel in Führung gegangen. Während der ersten Nachkriegsjahre war man auf Schritt und Tritt von Energieverknappungen verfolgt, so daß die Kernenergie eine Lösung versprach. Die dafür erforderlichen Grundlagen waren von Cockcroft, Hinton und deren Kollegen bereits gelegt. Frankreich hatte noch weniger Kohle und deshalb den noch größeren Bedarf und folgte so rasch, wie es die Nachkriegsentwicklung erlaubte.

Die Amerikaner mit ihrem Überfluß an Erdöl und Kohle hinkten da hinterher. Für sie war die Wahl der billigsten Stromerzeugung vorrangig und die Kostenanalyse wies erst Anfang der 60er Jahre auf Vorteile der Kernenergie hin. Nachdem sich die USA in Bewegung gesetzt hatte, haben sie Großbritannien rasch überholt, was nicht weiter überrascht.

Inzwischen hatten andere Länder ihre Entwicklungen begonnen und 1987 gab es nach einer UN-Analyse 417 Kernkraftreaktoren in 27 Ländern, die zusammen etwa 300 Gigawatt Energie erzeugten. Das ist mehr Energie als in Großbritannien, Frankreich und Deutschland *zusammen* verbraucht wird. Zusätzlich werden die Kernkraftwerke, die im Bau sind in den kommenden Jahren die Energieerzeugung um fast ein Drittel erhöhen und 6 weitere Länder werden Kernkraft nutzen. In einigen Ländern ist der Anteil der Kernkraft an der Gesamtenergieerzeugung recht hoch (Abb. 17).

Weitaus die meisten Kernkraftwerke arbeiten mit der in Amerika entwickelten Wasserkühlung. Die Staaten Kanada, Frankreich, Großbritannien und die UdSSR haben auch andere Kernkraftwerktypen entwickelt und einige davon auch exportiert. Die kanadischen und die meisten russischen sind ebenso wie ein britischer Experimentierreaktor zwar auch wassergekühlt, haben aber auch besondere Eigenschaften. Andererseits wurden für die ersten kommerziellen Anlagen in Großbritannien und Frankreich gasgekühlte Reaktortypen ausgewählt. In den 50er Jahren waren sie die einzige Chance für einen schnellen Start und dieser Start war wirklich erfolgreich. Die 18 Magnox-Reaktoren laufen in Großbritannien seit bis zu 26 Jahren sicher und zuverlässig und haben ihre vorgegebene Lebensdauer von 20 Jahren überschritten. Ähnliches kann auch über die fünf Magnox-Reaktoren in Frankreich gesagt werden und die beiden in Italien und Japan.

Die Magnox-Reaktoren sind jedoch wirtschaftlich nicht mit später entwik-

Energie für die Welt

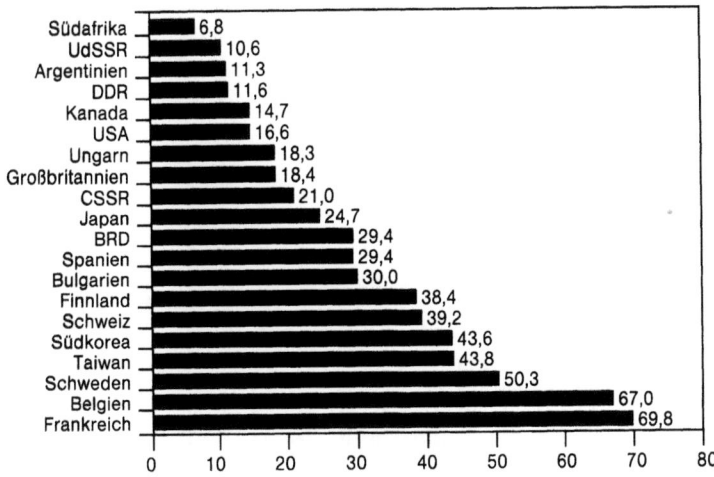

Abb. 17. Anteil der Kernkraft (in Prozent) an der Elektrizitätsproduktion (1988)

kelten Reaktortypen konkurrenzfähig, so daß die amerikanischen, wassergekühlten Anlagen, die gerade rechtzeitig auf den Markt kamen, als die großen Aufträge erteilt wurden, den größten Teil des Marktes erobern konnten. Die Franzosen schwenkten auch um, und nur die Briten blieben beim Bau kommerzieller gasgekühlter Reaktoren, und zwar mit ihrem *Advanced Gas-Cooled Reactor* als Nachfolger vom Magnox; auch in Großbritannien wird ein wassergekühlter Reaktor gebaut und mehr sind geplant. Die meisten Kernreaktoren in Deutschland und alle in der DDR und in der Schweiz sind wassergekühlt. Deutschland hat drei recht kleine gasgekühlte Anlagen, zwei davon Hochtemperaturreaktoren. Österreich hatte einen wassergekühlten Reaktor gebaut, der aber nach einer Volksbefragung eingemottet wurde; dennoch wird auch dort relativ viel Atomstrom verbraucht (d. Übers.).

Alle bisher erwähnten Reaktoren verbrennen nur etwa 1% des aus dem Erz gewonnenen Urans (viel vom ^{235}U und wenig ^{238}U). Es gibt jedoch Möglichkeiten, mit denen man dem eingegebenen Material einen sehr viel größeren Energieanteil entziehen kann. Das geschieht durch die Umwandlung von ^{238}U-Atomen in Plutonium, das man dann als Brennmaterial verwendet. Dadurch werden wir in die Lage versetzt, mindestens 50% des eingesetzten Urans zu verwenden, so daß die Energieausbeute um das 50fache oder mehr ansteigt.

Die erforderliche Technologie schließt auch den sogenannten Schnellen Brüter ein, der mithilfe schneller Neutronen Plutonium aus dem ^{238}U *ausbrütet*. Großbritannien und Frankreich haben Prototypen der Brüter jahrelang

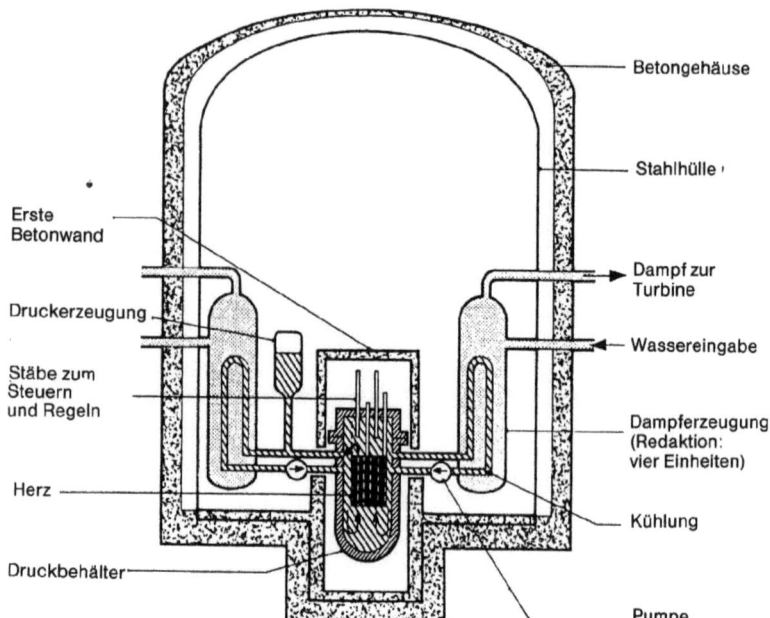

Abb. 18. Die häufigste Art eines Kernkraftreaktors: der Druckwasserreaktor

betrieben und entwickeln mit Deutschland zusammen ein europäisches Konzept. Auch Japan und die UdSSR entwickeln Brütertypen. Ihr erfolgreicher Betrieb beweist, daß diese Technologie grundsätzlich durchführbar ist, so daß der Schnelle Brüter mit seinen Brennstoffabriken und chemischen Anlagen im nächsten Jahrhundert der hauptsächliche Energieerzeuger der Welt sein könnte. Bis der Schnelle Brüter aber seinen großen Beitrag leistet wird noch einige Zeit vergehen.

Die Kernenergieprogramme einschließlich der Brüterentwicklung hängen vom Energiebewußtsein ab, was durch Vorgänge in den siebziger Jahren illustriert wird. Im Jahr 1973 gab es eine größere Ölkrise, als der Ölfluß aus dem Mittleren Osten beschnitten wurde und der Preis plötzlich auf das Vierfache anstieg. Dies löste eine Zunahme unseres Interesses an den irdischen Energiequellen aus, mit dem Schreckgespenst einer verheerenden Verknappung, die noch in diesem Jahrhundert eintreten und Verknappung von Elektrizität, Verkehrsmitteln, Industrieerzeugnissen, Nahrungsmitteln und Arbeitsplätzen zur Folge haben könnte. Die Kernkraft wurde als eine Möglichkeit zur Befreiung von dieser Bedrängnis angesehen. Einige Sprecher aus der Dritten

Welt sollen Ende der siebziger Jahre bei einer Weltenergiekonferenz zu westlichen Delegierten gesagt haben: „Macht um Himmels Willen mit Euren Kernprogrammen weiter und laßt uns ein bißchen Erdöl übrig".

In den siebziger Jahren erlebten wir tatsächlich eine große weltweite Ausbreitung der Kernenergie. Der Ölpreisanstieg bewirkte jedoch bald einen gegenteiligen Effekt. Er verursachte eine Weltwirtschaftskrise, die den Druck auf die Energiequellen verringerte und zu einer Ölschwemme sowie zu Kraftwerküberkapazität führte. Mit fallender Nachfrage und ebenso mit steigendem Umweltbewußtsein sank der Bedarf für neue Reaktoren, außer in Frankreich, Japan und in der UdSSR, die weiterhin unerschütterlich vorwärts drängten.

Die langfristigen Risiken bleiben dennoch erhalten; falls sich eine Weltenergiekrise entwickelt, so dürfte ihre Beseitigung lange dauern, denn im allgemeinen werden 10 Jahre für Planung und Bau eines großen, modernen Kraftwerks benötigt, unabhängig davon, ab der Brennstoff Öl, Kohle oder Uran ist.

Wir verbrauchen jetzt unsere Ölreserven rascher als wir neue entdecken. Von möglichen größeren Überraschungen abgesehen werden Erdöl und Erdgas in den kommenden Jahrzehnten zu Ende gehen. Dann bleiben uns nur zwei Energiequellen, die unseren Bedürfnissen entsprechen und mit existierenden Technologien verwertet werden können: Kohle und Uran (Abb. 19). Deshalb darf erwartet werden, daß viele Staaten Kohle *und* Uran nutzen werden, in Verhältnissen, die den jeweiligen Umständen entsprechen.

Die Gewinnung von Energie aus Uran scheint tatsächlich im richtigen Augenblick, in dem eine neue Energiequelle notwendig wurde, möglich geworden zu sein. Für einige Menschen einschließlich des Autors ist dies ein Zeichen für Gottes Vorsorge für die Menschheit.

Abschätzungen über die abbaubaren Uranerzvorkommen liegen im Bereich von 10 Mio. Tonnen. Falls dies Uran in Reaktoren der heute hauptsächlich gängigen Typen verbrannt wird, stellt es eine Energiequelle dar, deren Größenordnung mit denen von Erdöl und Erdgas vergleichbar ist, – also eine wertvolle Ergänzung zu unseren Gesamtvorräten, die aber die befürchtete Verknappung höchstens um einige Dekaden vor uns herschieben kann. Wenn es jedoch in Schnellen Brütern verbrannt wird, wird dieser Zeitraum von Jahrzehnten auf Jahrhunderte ausgedehnt werden.

Außerdem gibt es einen gewaltigen Vorrat an Uran in den Weltmeeren, der etwa 4 Mrd Tonnen beträgt. Potentiell ist dies eine enorme Energiequelle, aber dies Uran ist außerordentlich verdünnt, so daß es sich bis jetzt noch nicht als verwertbar erwiesen hat, obwohl an diesem Problem ständig geforscht wird.

Vom Standpunkt des Energiebedarfs im kommenden Jahrhundert aus ist die Nutzbarmachung des Urans ein ernstes Problem, vor allem dann, wenn

Energie für die Welt

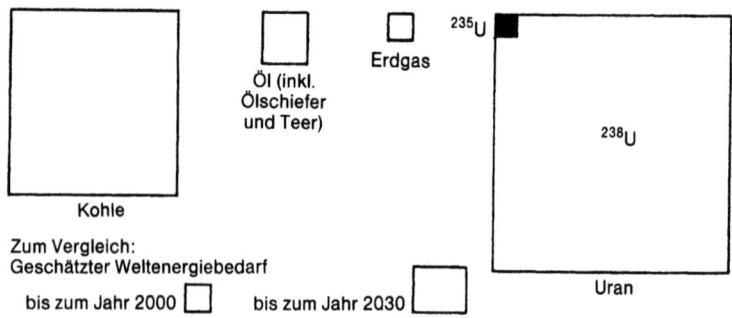

Abb. 19. Abschätzungen der irdischen Energiequellen. Unsicherheiten in diesen Abschätzungen können den vorhergesehenen Zeitpunkt des Endes beeinflußen, aber vermutlich nicht das gezeichnete Gesamtbild. Die aufgeführten Daten zeigen, daß nur die Energiequellen Kohle und ^{238}U groß genug sind, den Bedarf des nächsten Jahrhunderts zu decken. Im Text sind noch weitere Energiequellen genannt, von denen einige ein enormes Potential besitzen, aber deren großtechnische Nutzbarkeit sehr gewagt erscheint

der Brüter eingesetzt wird. Dagegen stehen Sicherheitsfragen. Seit dem Beginn des Reaktorbaus im zweiten Weltkrieg stellen sie für die Kernindustrie das strittige Problem dar, das seit Mitte der siebziger Jahre durch das öffentliche Interesse beständig zunimmt.

Obwohl Reaktoren nicht mit der ganzen Gewalt von Atombomben explodieren können, so haben ihre Planer doch stets in Rechnung gestellt, daß sie manchmal außer Kontrolle geraten können und immer besser ausgearbeitete Sicherheitsvorkehrungen gegen alle Arten von Fehlleistungen und vorstellbaren Unfällen getroffen. Die vorgenommenen Maßnahmen haben sich allgemein als sehr zufriedenstellend erwiesen. Dennoch haben sich Unfälle ereignet: ein großer am 28. März 1979 auf *Three Mile Island* in den USA und ein noch schwerwiegenderer am 26. April 1986 in Tschernobyl in der UdSSR.

Bei dem Three Miles Island Unfall wurde verhältnismäßig wenig Radioaktivität freigesetzt und die tatsächlichen Auswirkungen auf die Gesundheit der Bevölkerung waren gering, obwohl es damals zu panikartigen Reaktionen kam. Für die Betreibergesellschaft war der Verlust des Reaktors eine finanzielle Katastrophe. Man kann behaupten, daß wir auf Three Mile Island den schlimmsten Unfall gesehen haben, der bei westlichen Reaktoren mit ihren automatischen Sicherheitssystem möglich ist.

Ähnlich kann man sagen, Tschernobyl war der schlimmste Reaktorunfall, den man sich überhaupt vorstellen kann. Sehr viel Information über das Unglück ist verfügbar, einschließlich eines vollständigen technischen Reports, den die Russen im Geiste des „Glasnost" veröffentlicht haben. Ganz kurz einige wichtige Stichpunkte daraus:

- Reaktoren des Tschernobyl-Typs haben Schwachpunkte im Design, die die Sicherheit dieser Reaktoren negativ beeinflussen.
- Der Unfall ereignete sich bei einem Experiment des Bedienungspersonals. Er wurde durch eine Verkettung von Fehleinschätzungen und Fehlbedienungen ausgelöst, durch die das Personal Sicherheitssysteme ausschaltete und sowohl allgemeine Sicherheitsrichtlinien für den Reaktor als auch die Grenzen des erlaubten Experimentierens überschritt.
- Der Reaktor wurde überwiegend manuell geregelt und die Regelmechanismen waren recht kompliziert. Es gab keine eingebauten Sicherheitssysteme, die sich automatisch auslösen, wenn z.B. die erlaubten Energiemengen überschritten werden.
- Mit nur kurzer Verzögerung reagierten die Russen schnell und wirkungsvoll. Sie evakuierten die Bevölkerung und trafen Maßnahmen gegen die bestehenden Gefahren. Sie sind auch dabei, Fehler bei der Reaktorauslegung möglichst zu korrigieren und die Vorschriften zu verschärfen.
- Eine Wolke radioaktiven Materials breitete sich über Europa aus und verursachte eine zwar geringe aber langanhaltende Kontamination, weswegen gewisse Lebensmittel nicht in den Handel gebracht werden durften und dürfen.
- Es gab 31 Todesfälle bei Feuerwehrleuten und anderen Einsatzkräften, und 203 Fälle akuter Strahlenkrankheit. Die Weltgesundheitsorganisation (WHO) schätzt die Zahl der Krebstodesfälle in Folge des Unglücks auf 7000 (Europa außer UdSSR). Diese Zahl wird in der erwarteten Krebstodrate von 110 Mio. im gleichen Zeitraum nicht in Erscheinung treten.

So schrecklich das Unglück war, man darf die Gesamtperspektive nicht verlieren. Die unmittelbar verursachten 31 Toten sind nicht mehr als ein gewöhnlicher Flugzeugabsturz oder ein terroristischer Bombenanschlag verursacht. Auch die Zahl der zugeordneten Krebstoten wird jährlich vielfach übertroffen durch die Verkehrsunfall-Todeszahlen auf europäischen Straßen[2].

Eine weitere Sicherheitsfrage betrifft den radioaktiven Müll. Er ist mit der Kernenergie untrennbar verbunden. Der am stärksten aktive radioaktive Abfall stammt aus dem Zerfallsprozeß selbst, wobei die Mengen in etwa dem produzierten Strom proportional sind. Seine giftige Beschaffenheit ist in dem Bericht von Frisch und Peierls aus dem Jahr 1940 erwähnt; das *Manhattan-Project* mußte seine Mitarbeiter vor diesen Folgen schützen, wobei praktisch eine neue Wissenschaft geschaffen wurde, nämlich die des Strahlenschutzes;

---

[2] Jeder Unfalltote ist ein Toter zu viel. Besser vergleichbar sind Unfallschäden, die durch unterschiedliche Kraftwerkstypen verursacht werden (Atom/Kohle/Öl/Wasser/Wind etc.) (d. Übers.).

und die Atomindustrie ist sich heute der potentiellen Gefahren durchaus bewußt.

Im Gegensatz zu industriellen Schlackehalden ist das Abfallvolumen nicht groß, so daß die bisherige Praxis darin besteht, ihn im Bereich der Atomanlagen zu lagern, etwa in Tanks oder Silos, wo er unter Aufsicht gehalten werden kann. Als Zwischenmaßnahme war dies weitgehend zufriedenstellend trotz gelegentlicher kleiner Lecks und kann, falls erforderlich, noch einige Dekaden so fortgesetzt werden.

Auf lange Sicht sind Methoden zur Endlagerung entwickelt worden. Es wird des öfteren angeführt, daß die Beseitigung des Atomabfalls, speziell des hochradioaktiven Abfalls, ein ungelöstes Problem sei; aber das ist nur in dem Sinne wahr, als es sich um ein komplexes Problem handelt, daß weiterer eingehender Untersuchungen bedarf. Es gibt jedoch keine inherenten Schwierigkeiten, die Zweifel an der rechtzeitigen Entwicklung eines Brennstoffzyklus aufkommen ließen; wir können in Wahrheit aus einer Anzahl möglicher Alternativen wählen.

Allgemein besteht der Grundsatz darin, eine Reihe von Schranken zwischen dem Müll und dem Menschen bereitzustellen. Diese können aus dem Müll selbst bestehen, wenn er als Glas oder als ein anderes widerstandsfähiges Material vorliegt, aus einem Müllkontainer aus dauerhaftem Material wie rostfreiem Stahl; vielleicht mit einer saugfähigen Umhüllung gegen eintretendes Wasser um den Kontainer; und schließlich aus den geologischen Gegebenheiten für Müllagerstätten. Das Entweichen von Radioaktivität durch all diese Schranken wird so langsam sein, daß Überschlagsrechnungen ergeben haben, daß die resultierende Strahlendosis für den Menschen minimal sein wird.

Für den Autor, der mehrere Jahre auf diesem Gebiet gearbeitet hat, erscheint die Handhabung des radioaktiven Mülls als eine Aufgabe, - oder eine Reihe von Aufgaben, da es verschiedene Arten von Müll gibt, - von ähnlicher Schwierigkeit wie viele andere Aufgaben auch, die von der modernen Industrie erfolgreich bewältigt wurden[3].

In der Energiediskussion gibt es noch einen anderen Gesichtspunkt, der erwähnt werden muß, nämlich die Rolle der sogenannten *alternativen* Energiequellen. In manchen Kreisen besteht die Hoffnung, daß sie den baldigen Ausschluß der Kernenergie ermöglichen. Die *Alternativen* sind:

---

[3] Heute wird auch der Ersatz von alten Reaktoren durch neue notwendig. In den USA mußten 1988 z.B. sowohl der *N*-Reaktor für die Plutoniumproduktion in Hanford als auch der 1950 in Betrieb genommene *P*-Reaktor für die Tritiumproduktion in Savannah River (in der Nähe von Aiken in South Carolina) auf Anordnung des jetzt auch für militärische Reaktoren zuständige *Department of Energy* (DOE) stillgelegt werden (vgl. Optics Today, Sept. 1988; d. Übers.).

Energie für die Welt

- die Sonnenenergie in ihren verschiedenen Gestalten,
- die geothermische Energie - die natürliche Wärme der Erde,
- die Gezeitenenergie von Ebbe und Flut.

Ihre Bedeutung liegt vor allem in dem Umstand, daß sich in der Mehrzahl der Fälle der Vorrat jeden Tag erneuert. Fossile Brennstoffe (Kohle, Erdöl etc.) und Uran sind im Gegensatz dazu endliche Ressourcen: sie brauchen das angesammelte Kapital auf. In einigen hundert Jahren werden die *Alternativen* als einzig übriggebliebene Energiequelle zur Verfügung stehen, falls nicht langfristig so etwas wie die Kernfusion nutzbar wird.

Die Hoffnung liegt hauptsächlich in der Sonnenenergie. Die geothermische und die Gezeitenenergie können nur in dafür besonders begünstigten Gegenden in wesentlichem Maße nutzbar gemacht werden, etwa in Island für die erstere und in der Bucht der Rance in der Bretagne für die letztere. Vom globalen Standpunkt aus gesehen sind sie von geringer Bedeutung.

Andererseits ist die Sonnenenergie eine enorme, weltweit verfügbare Quelle. Sie entstammt den Kernfusionsreaktionen in der Sonne ähnlich denen in der explodierenden Wasserstoffbombe. Der Umfang der auf die Erde treffenden Sonnenenergie ähnelt dem Ausstoß von hundert Millionen großer Kraftwerke, so daß wir unsere Energiesorgen los wären, wenn wir nur das Hundertstel eines Prozentes davon nutzbar machen könnten.

Das Problem ist, die Sonnenenergie zu sammeln, weil sie sehr dünn verteilt ist. In Nordeuropa beträgt der Mittelwert pro Quadratmeter etwa soviel, wie man aus einer Glühbirne von 100 Watt erhält, und in der Sahara ist es überraschenderweise auch nur etwa das Doppelte. Solarkollektoren müssen große Flächen bedecken, so daß sie allein wegen ihrer Größe teuer sind. (Anm. d. Übers.: Die Herstellung großer Kollektoren und Energiespeicher verbraucht zusätzlich enorme Energiemengen und Rohstoffe.)

Glücklicherweise wandelt uns die Natur die Sonnenenergie auf ganz unterschiedlichen Wegen um. Die Sonnenwärme bringt die Luft in Bewegung und läßt Wasserenergie verdampfen, was Windenergie, Wellenenergie und Wasserenergie liefert. Das Sonnenlicht wird von Pflanzen absorbiert und wirkt beim Wachstum von Holz und anderen brennbaren Pflanzen mit. Diese verschiedenen Quellen haben den Menschen in der Vergangenheit in begrenztem Umfang mit Energie versorgt. Bezüglich ihrer Verwendung in großem Maßstab gibt es gegenwärtig nur eine, die Wasserkraftenergie; mit ihr werden gegenwärtig zwei Prozent des Weltenergiebedarfs gedeckt; es könnte erheblich mehr sein.

Besonders seit der Ölkrise von 1973 versuchen eine Anzahl von Staaten, die *Alternativen* in größerem Maßstab und auf neuen Wegen zu nutzen. Die hauptsächlichen Zukunftsmöglichkeiten sind die Windgeneratoren, die um ein Vielfaches stärker sind als herkömmliche Windmühlen, Gezeitenkraftwerke, sowie aus der Vegetation, z. B. durch Gärung entwickelter Brennstoff (Biomasse). Bis jetzt haben Forschung und Entwicklung noch keinen offensichtlichen *Renner* produziert, also eine neue Technologie, auf die die Regierungen bezüglich der Energieversorgung ihrer Bevölkerung im hohem Maße vertrauen können, oder die von Unternehmen mit Freude in großem Maßstab übernommen werden könnten.

Die Forschung auf dem Gebiet der *Alternativen* muß fortgeführt werden. Wenn wir auch alle verfügbaren Energievorräte ausnutzen, bleiben sie doch erhalten, wir müssen nur herausfinden, wie wir sie zum notwendigen Maßstab entwickeln können. Energiesparen ist ebenfalls notwendig.

Bis dahin können uns Kohle und Uran eine lange Atempause geben. Sie können den Weltenergiebedarf für einige Jahrhunderte abdecken, während wir die nächste Stufe für den Fortschritt der Menschheit erarbeiten.

Dazu braucht es aber mehr als nur eine technologische Entwicklung. Der plötzliche Schock von Hiroshima und Nagasaki rüttelte die Menschen für kurze Zeit auf, sich mit menschlichen Beweggründen zu beschäftigen. Wird die allmähliche Abnahme unserer Energievorräte unsere Aufmerksamkeit erneut in diese Richtung lenken, aber diesmal für länger und mit festerem Entschluß, eine Lösung zu finden?

Anhang: Ein paar Erklärungen zum Atomkern

Das Atom kann man sich als einen kleinen Ball vorstellen. Er besteht aus einer Wolke winziger Teilchen, den Elektronen, und einem noch kleineren Zentralbereich, dem Kern. Obwohl der Kern so klein ist, ist er doch vieltausendmal schwerer als ein Elektron. Er ist positiv geladen, während das Elektron negativ ist.

Der Kern setzt sich aus zwei Teilchenarten zusammen, die man Protonen und Neutronen nennt und die etwa gleich schwer sind. Jedes Proton trägt eine positive Ladung, die gleich groß aber entgegengesetzt zu der des Elektrons ist, während das Neutron gar nicht geladen, also elektrisch neutral ist. Die Protonen und Neutronen sind fest miteinander verbunden durch Kräfte, die innerhalb von Kernen wirksam sind.

Der kleinste und einfachste Kern ist der des Wasserstoffatoms, der aus einem einzigen Proton besteht. Um ihn herum hält sich im neutralen Wasserstoffatom ein einziges Elektron auf, dessen negative Ladung die positive des Protons ausgleicht.

Es gibt auch den schweren Wasserstoff oder das Deuterium, in dem der Kern sowohl ein Proton als auch ein Neutron enthält. Dies macht den Kern etwa doppelt so schwer, ändert aber weder die Ladung des Kerns noch die Anzahl der Elektronen (eines) im elektrisch neutralen Atom.

Wasserstoff und Deuterium bilden das einfachste Beispiel für Isotope. Dieser Begriff besagt, daß die Kerne die gleiche Ladung, aber unterschiedliche Massen[1] haben, bzw. mit anderen Worten, daß sie die gleiche Anzahl von Protonen (eins), aber unterschiedliche Anzahlen von Neutronen (null bzw. eins) besitzen. In einem komplizierteren Beispiel, dem Uran, besitzen alle Kerne 92 Protonen, aber die beiden hauptsächlichen Isotope 143 bzw. 146 Neutronen, also insgesamt 235 bzw. 238 Teilchen; dies wird mit der Symbolik ^{235}U bzw. ^{238}U gekennzeichnet. Nahezu alle chemischen Elemente treten in Form mehrerer Isotope auf.

Wenn zwei Atome Isotope sind, so besteht ihr Äußeres, nämlich ihre Elek-

---

[1] Wir sprechen von der Masse statt vom Gewicht, weil das Gewicht eines Gegenstandes vom Ort abhängt. Ein Mann ist beispielsweise auf dem Mond leichter als auf der Erde, aber seine Masse, nämlich die Menge an Materie, die er besitzt, ist in beiden Fällen die gleiche.

Anhang: Ein paar Erklärungen zum Atomkern

tronenwolke, aus der gleichen Anzahl von Elektronen (z.B. eines im Falle des natürlichen Wasserstoffs, 92 im Falle des natürlichen Urans) und sie verhalten sich tatsächlich äußerlich fast identisch. Das Verhalten[2] eines Atoms wird ja im wesentlichen durch seine Elektronenwolke bestimmt; wenn zwei Atome etwa in einer chemischen Reaktion zusammentreffen, treten zunächst ihre Elektronenwolken in Wechselwirkung miteinander. Isotope sind einander deshalb in ihren Reaktionen außerordentlich ähnlich und sehr schwer zu trennen, wenn sie gemischt sind. Größere Unterschiede erscheinen erst in Vorgängen, die mehr von den Eigenschaften der Kerne als von denen der Elektronenwolken bestimmt werden.

Die Masse ist eine dieser Eigenschaften und kann deshalb für die Isotopentrennung benutzt werden. Das Massenspektrometer ist ein Gerät, das diese Trennung für kleinere Mengen ermöglicht, indem es schwerere von leichteren Atomen mithilfe elektrischer und magnetischer Felder trennt. In einer speziellen Ausführung wurde dieses Prinzip in den Jahren 1939-1945 auch dazu verwendet, in größeren Mengen ^{235}U von ^{238}U zu trennen.

Manche Kerne sind stabil, andere instabil. Die instabilen Kerne verwandeln sich schließlich in stabile Kerne, und zwar im Verlauf des Prozesses, den wir als radioaktiven Zerfall bezeichnen. So unterliegt der Kern ^{238}U einer langen Reihe solcher Umwandlungen, die mit einem stabilen Bleiisotop endet und bei der die von den Curies entdeckten Radium- und Poloniumisotope als Zwischenprodukte auftreten. Die instabilen Produkte verschwinden im Verlauf des Prozesses, und man spricht deshalb von *Zerfall*. Wenn eine Spezies X in eine Spezies Y zerfällt, so spricht man i.a. von X als der Mutter und von Y als der Tochter.

Der Kern ^{235}U durchläuft eine ähnliche, aber andersartige Zerfallsreihe als ^{238}U. Obwohl ^{235}U und ^{238}U Isotope und deshalb chemisch schwer voneinander zu unterscheiden sind, so unterscheiden sie sich doch in ihrer Radioaktivität, die ja eine Kerneigenschaft ist.

Beim radioaktiven Zerfall emittiert der Kern energiereiche Strahlungen, wodurch der Vorgang auch ursprünglich entdeckt wurde. Diese verschiedenen Arten von Strahlung besitzen ungewöhnliche Eigenschaften, wozu das Vermögen zum Durchdringen von Materie in unterschiedlichen Ausmaßen gehört sowie das Schwärzen photographischer Platten und das Abtöten lebender Gewebe einschließlich Krebszellen. Zu ihnen gehören: schnelle Alphateilchen (die Kerne von Heliumatomen, von denen jeder aus zwei Protonen und zwei Neutronen besteht), Elektronen und Positronen (mit derselben Masse wie das Elektron, aber entgegengesetzter Ladung) und Gammastrahlen (ähnlich Röntgenstrahlen, aber i.a. energiereicher und durchdringender).

---

[2] Gemeint ist u.a. die chemische Reaktivität (d. Übers.).

Anhang: Ein paar Erklärungen zum Atomkern

Bei einem Zerfallsprozeß ändert sich gewöhnlich die elektrische Ladung des Kerns, so daß ein Element in ein anderes übergeführt wird, also eine Kernumwandlung stattfindet. Alle Uranisotope wandeln sich z. B. letztendlich in Blei um.

Kernumwandlungen können auch künstlich herbeigeführt werden. Dies wurde zuerst mithilfe von Alphateilchen aus bestimmten natürlich-radioaktiven Kernen, mit denen man geeignete Substanzen beschoß, erreicht. Große elektrische Anlagen, sogenannte Beschleuniger und besonders die als Zyklotrons bezeichneten Geräte ersetzen heutzutage die Radioaktivität als Quellen für die benötigten Strahlen schneller geladener Teilchen. Auch Neutronen sind hochwirksam und benötigen keine Akzeleratoren; langsame Neutronen können ebenso wie schnelle Neutronen die Elektronenwolken durchdringen und direkt mit den Kernen reagieren.

Diese Umwandlungsprozesse führen relativ häufig zu radioaktiven Produkten. Das erste Beispiel war die Erzeugung von radioaktivem Phosphor durch die Einwirkung von Alphateilchen auf Aluminium. Im Gegensatz zur Radioaktivität von natürlich vorkommenden Elementen wie Uran, spricht man in derartigen Fällen von künstlicher Radioaktivität.

Die Kernspaltung ist eine spezielle Form der Umwandlung, bei der sich ein großer Kern in zwei Bruchstücke sowie einige Neutronen zerteilt. Die beiden größeren Bruchstücke sind von ähnlicher, aber gewöhnlich nicht gleicher Größe, die mit großer kinetischer Energie auseinanderfliegen. Ursprünglich war die Spaltung bei Untersuchungen über die Bestrahlung von Uran mit langsamen Neutronen entdeckt worden. Obwohl die Spaltung gewöhnlich durch langsame Neutronen oder andere Teilchen ausgelöst wird, gibt es auch eine spontane Spaltung: Der Kern teilt sich ohne erkennbaren äußeren Anlaß.

Weil die Neutronen die Spaltung sowohl herbeiführen als auch dabei entstehen, sind bei der Kernspaltung Kettenreaktionen möglich. Dies ermöglicht die Spaltung von Kernen in großen Mengen innerhalb sehr kurzen Zeiten und damit die Freisetzung großer Energien, sowohl bei der Explosion von Bomben als auch mithilfe einer gesteuerten Reaktion in Kraftwerken. Im zweiten Falle werden die Neutronen durch Moderatoren wie etwa Graphit verlangsamt.

Kernenergie kann außerdem durch die Fusion (Verschmelzung) sehr kleiner Kerne freigesetzt werden. Zwei Deuteriumkerne könnten sich z. B. zu einem Heliumkern vereinigen. Die Energie der Sonne und der Fixsterne entspringt im wesentlichen derartigen Fusionsvorgängen. Um die Fusion künstlich und in größerem Maßstab auf unserer Erde auszuführen, sind auch hier gleichbleibend hohe Temperaturen ähnlich wie im Inneren der Sterne erforderlich, was uns noch immer erhebliche Schwierigkeiten bereitet.

Weiterführende Literatur

Ähnliche Themen wie das vorliegende Buch behandelt

R. W. Clark, The Greatest Power on Earth. Sidgwick and Jackson, London 1980

Hierbei handelt es sich um ein größeres, eher journalistisches Buch, das viele weitere interessante Einzelheiten enthält. Außer dem weiter unten erwähnten Buch von Herbig sei hier noch hingewiesen auf

M. Gowing, The Development of Atomic Energy: Chronology of Events 1939-1978. UK Atomic Energy Authority, London 1979

Andere Bücher behandeln spezielle Gesichtspunkte unseres Themas. Während sich einige primär mit dem geschichtlichen Ablauf beschäftigen, sind andere biographische oder autobiographische Werke. Zu den erstgenannten gehören

Das amerikanische Projekt

H. D. Smyth, Atomic Energy. US Government Printing Office, 1945
*R. G. Hewlett, O. E. Anderson, A History of the United States Atomic Energy Commission. Vol. 1: The New World. Pennsylvania State University Press 1962
*R. G. Hewlett, F. Duncan, ibid., Vol. 2: Atomic Shield. 1969
*S. Groueff, Manhattan Project: The Untold Story of the Making of the Bomb. Little, Brown & Co., Boston 1967
H. York, The Advisors: Oppenheimer, Teller and the Super Bomb. Freeman, San Francisco 1976

Das erste hiervon ist der offizielle, ursprüngliche Bericht, während die beiden nächsten die detaillierte und dokumentierte offizielle Geschichtsschreibung darstellen. Das Buch von Groueff ist eine leicht lesbare Beschreibung dazu. Das Buch von York betrifft den Kernwaffenwettlauf zwischen den USA und der UdSSR.

Das britische Projekt

M. Gowing, Britain and Atomic Energy 1939-1945. Macmillan, London 1964, and Independence and Deterrence: Britain and Atomic Energy 1945-1952. Vol. 1: Policy Making, vol. 2: Policy Execution. Macmillan, London 1974

Diese beiden Bücher bilden den ersten Teil der anspruchsvollen, aber lesbaren offiziellen Geschichtsschreibung.

Weiterführende Literatur

Das französische Projekt

B. Goldschmidt, L'aventure Atomique. Fayard, Paris 1962
*S. R. Weart, Scientists in Power. Harvard University Press 1979

Goldschmidts Buch ist der Bericht eines involvierten Wissenschaftlers. Das von Weart ist vollständiger und gut dokumentiert.

Das deutsche Projekt

S. A. Goudsmit, Alsos, Henry Schuman. New York 1947
*D. Irving, The Virus House: Germany's Atomic Research and Allied Counter-measures. William Kimber, London 1967

Hierbei stellt das erste Buch einen faszinierenden Bericht der US-Delegation dar, die 1944/45 zur Aufdeckung des Standes des deutschen Projekts nach Europa geschickt worden war; einige der hier gezogenen Schlüsse haben sich jedoch zwischenzeitlich als unrichtig erwiesen. Das zweite Buch stützt sich im wesentlichen auf die Untersuchung einer Anzahl amtlicher deutscher Unterlagen; in seinem journalistischen Stil läßt es gelegentlich wissenschaftliche Fakten vermissen.

Das japanische Projekt

C. Weiner, Nuclear Weapons History: Japan's Wartime Bomb Projects Revealed, Science, vol. 199, p. 152, 1978

Dieser Zeitschriftenartikel ist gegenwärtig die wesentliche Informationsquelle.

Das russische Projekt

A. Kramish, Atomic Energy in the Soviet Union. Stanford University Press 1959

Dies Buch stellt die geschichtlichen Konturen des russischen Projekts zusammen.

Von manchen, die das *Manhattan-Project* selbst miterlebt hatten, wurden Autobiographien geschrieben:

A. H. Compton, Atomic Quest: A Personal Narrative. Oxford University Press 1956
L. R. Groves, Now it can be told: the Story of the Manhattan Project. Harper, New York 1962
Leona M. Libby, The Uranium People. Crane Russack & Charles Scribner's Sons, New York 1979
L. Szilard, His Version of the Facts. Selected Recollections and Correspondence; edited by S. R. Weart and G. W. Szilard, MIT Press, Cambridge 1972

Zwei Autobiographien seien hier noch hinzugefügt:

Laura Fermi, Atoms in the Family: My Life with Enrico Fermi. Chicago University Press 1954
P. Goodchild, J. Robert Oppenheimer. BBC Publications, London 1980

Weiterführende Literatur

Letzteres basiert auf einer ausgezeichneten Fernsehdokumentation über Oppenheimer und enthält eine Fülle von Bildern.

Natürlich gibt es auch eine ganze Anzahl von Biographien über die Curies, über Rutherford, Bohr, Cockcroft, Joliot etc. Eine davon sollte besonders erwähnt werden:

S. Rozental (Ed.), Niels Bohr: His Life and Work as seen by his Friends and Colleagues. North-Holland, Amsterdam 1967

Sie ist die Quelle für die Berichte in Kapitel 1 über die Diskussion zwischen Bohr und Einstein sowie über das Gespräch von Frisch mit Lise Meitner im 3. Kapitel. Mit Fuchs, Nunn May und Ponotecorvo beschäftigt sich schließlich

A. Moorehead, The Traitors. Hamish Hamilton, London 1952

Außer den hier genannten, gibt es eine Vielzahl weiterer Bücher, auf die Hinweise besonders in den mit * markierten Teilen zu finden sind.

Weitergehende Informationen über Energie und Kernreaktoren erhält der Leser bei

J. Ramage, Energy: A Guidebook. Oxford University Press, 1983

und den dort gemachten Empfehlungen für weitergehende Literatur. Vom Autor dieses Buches gibt es außerdem einen komprimierten Bericht

H. A. C. McKay, World Energy Resources. AERE-R 8856, 1977

Quellen wichtiger Originaldokumente sind:

Szilards Patentoffenlegungsschrift (Kap. 4): The Collected Works of Leo Szilard. Scientific papers [(B. T. Feld, G. W. Szilard, (Eds.)] MIT Press, Cambridge 1972

Einsteins Brief an Roosevelt (Kap. 5): R. W. Clark, Einstein. Hodder, London 1973

Die Memoranden von Frisch und Peierls und die *MAUD Berichte* (Kap. 6): M. Gowing: Britain and Atomic Energy 1939-1945. Macmillan, London 1964

General Farrells Bericht zum Trinity Test (Kap. 10): L. R. Groves, Now it can be told: the Story of the Manhattan Project. Harper, New York 1962

Der Franck-Bericht (Kap. 12): A. K. Smith: A Peril and a Hope: The Scientist's Movement in America 1945-47. University Chicago Press 1965

Bohrs offener Brief an die Vereinten Nationen (Kap. 13): S. Rozental (Ed.) Niels Bohr: His Life and Work seen by his Friends and Colleagues. North-Holland, Amsterdam 1967

Memorandum der Gouverneure und Bürgermeister von Hiroshima und Nagasaki (Kap. 13): Caux Information Service, 5. Aug. 1950, aus den Archiven des Konferenzzentrums für moralische Aufrüstung, Caux (Schweiz)

Weiterführende Literatur

Anmerkung des Übersetzers

Die englische Originalausgabe enthält fast ausschließlich englischsprachige Titel. Hier wurden nur die Quellen für das Buch zitiert. Zum fünfzigsten Jahrestag der Entdeckung der Kernspaltung durch Otto Hahn im Jahr 1988 werden weitere Bücher und Festschriften erscheinen. Der an weiteren Darstellungen interessierte Leser sollte also Ausschau nach entsprechenden Ankündigungen halten.

Die Gesammelten Werke Werner Heisenbergs erschienen im Springer-Verlag, Berlin Heidelberg New York (Wissenschaftliche Arbeiten) und im Verlag Piper, München Zürich (Allgemeinverständliche Schriften).

Die Autobiographie Otto Hahns „Mein Leben" ist in erweiterter Neuausgabe in der Serie Piper (SP 538) erschienen. Dietrich Hahn hat die Biographie „Otto Hahn - Ein Forscherleben unserer Zeit" von W. Gerlach herausgegeben; sie erschien 1984 in der Wissenschaftlichen Verlagsgesellschaft Stuttgart.

Bücher zur Radioaktivität und zur Kernenergie

Herbig, Kettenreaktion: Das Drama der Atomphysiker. dtv, München 1979

H. Kiefer, W. Koelzer, Strahlen und Strahlenschutz, 2. Aufl. Springer-Verlag, Berlin Heidelberg New York Tokyo 1987

F. L. Boschke, Kernenergie - Eine Herausforderung unserer Zeit. Birkhäuser, Basel Boston Berlin 1988

N. Blaedel, Harmony and Unity - The Life of Niels Bohr, 1988. Science Tech, Madison WI and Springer-Verlag, Berlin Heidelberg New York Tokyo

W. Heisenberg, Über die Arbeiten zur technischen Ausnutzung der Atomkernenergie in Deutschland. Naturwiss. 33, 325 (1946)

K. Winnacker, K. Wirtz, Das unverstandene Wunder: Kernenergie in Deutschland. Econ Verlag, 1975

W. Bothe, S. Flügge (Ed.), Fiat Review of German Science, 14, Teil II, Kap. 7, Verlag Chemie, Weinheim

Namenverzeichnis

Abelson, P. H.   53 f., 61, 66, 85 ff.
Akers, W. A.   58
Aldermaston   126, 135
Allier, J.   47, 52
Allison, S. K.   89
Alvarez, L. W.   127
Amaldi, E.   18
Anderson, C. D.   15, 22
Arakatsu, B.   121, 126
Ardenne, M. von (Baron)   112 f.
Argonne National Laboratory   89, 92
Arnold, H.   135 f.
Aston, F. W.   8, 57, 62
Atomic Energy Research Establishment   134
Auger, P.   69

Bacher, R. F.   102
Bagge, E.   43, 112
Baker, N.   104
Beams, J. W.   61, 67
Becker, H.   14
Becquerel, H.   1 f., 7
Berkeley Laboratorium   28, 37, 53 ff., 60, 63, 80, 82 f., 99 f., 105, 127
Bethe, H. A.   102, 133
Blackett, P.   15, 17, 21, 34
Bohr, A.   115
Bohr, N.   4, 16, 19, 25, 28 f., 40 f., 104 f., 129 f.
Bothe, W.   14, 43, 120
Bretscher, E.   53
Briggs, L. J.   41, 61 f.
Bush, V.   62 ff., 69, 88, 104, 110, 123, 131

Capenhurst   135
Cavendish Laboratory   2, 5 ff., 14 ff., 28, 36, 53 ff.
Chadwick, J.   14, 16, 22, 41, 52, 54, 58
Cherwell, Lord   36, 104
Clusius, K.   45

Cockcroft, J.   10 f., 14, 16, 22, 30, 52, 134 f., 144
Collège de France   23, 32 f., 34, 38, 49
Columbia University (New York)   28, 33 f., 61, 83
Commissariat à l'Energie Atomique   137 f.
Compton, A. H.   62 ff., 68, 91, 94, 99, 101, 121 ff.
Compton, K. T.   123
Conant, J. B.   62 f., 66 f., 91 f., 107, 123, 131
Curie, M.   2, 7, 17, 66
Curie, P.   2, 7
Curie-Joliot, I.   14, 16, 22

Dautry, R.   42, 48
Debye, P.   44
Dickel, G.   45
Diebner, K.   36, 43, 44, 46, 113, 117 ff.
Dirac, P.   15
Döpel, L. R.   113, 116 f.
du Pont de Nemours, E. I.   68, 91, 93 ff.
Duckwitz, F.   104
Duclos, J.   137
Dunning, J. R.   61, 82

Einstein, A.   4, 13 f., 16, 41, 49
Esau, A.   36, 49, 116, 118

Farrell, T. F.   109 f.
Fat Man   109, 126
Ferguson, H. K. Company   86
Fermi, E.   17, 19, 23, 27, 33, 35, 39 f., 47 f., 53, 88, 109, 123, 136
Fizeau, A. H.   112
Franck, J.   123 f.
Frisch, O. R.   20, 22, 25 f., 33 f., 51 f., 103, 129, 148
Fuchs, K.   103, 125, 133 f.

Namenverzeichnis

Gamow, G. 10f., 20
Geiger, H. 4, 43
Genter, W. 17, 49
Gerlach, W. 117, 119f.
Gold, H. 103
Goldschmidt, B. 29, 34, 66, 69
Gottow 113
Goudsmith, S.A. 118ff.
Gouzenko, I. 133f.
Greenewald, C.H. 91, 97
Greenglas, D. 103
Grosse, A. von 22
Groth, W. 36
Groves, L.R. 68f., 84f., 88, 93ff., 100f., 107f., 118, 120f., 124f., 131, 136
Guéron, J. 136

Hahn, O. 3f., 22, 23ff., 43, 49, 120, 129
Haigerloch 113, 119
Halban jr., H. von 32f., 35, 44, 48, 51f., 58, 61, 66, 69, 134
Halifax, Lord 104
Hanford 93, 95f., 104f., 106, 123
Hanle, W. 36
Harteck, P. 36, 43, 45f., 51, 111
Harwell 134f.
Haworth, W. 52
Heisenberg, W.K. 9, 30, 43ff., 49, 51, 111, 113, 116ff., 129
Hertz, G. 57
Hevesy, G. von 4, 60
Hinton, C. 135, 144
Hiroshima 120, 125f., 129ff., 134, 141

Imperial Chemical Industry (ICI) 52, 59
Institut de Radium 2, 14, 16

Jeans, Sir J. 5f.
Joliot, F. 14ff., 23, 32, 34, 42, 48, 66, 120, 136ff.
Joos, G. 36
Kaiser-Wilhelm-Institut 22, 25, 44, 113, 117, 119
Keith, P.C. 83
Kellex Company 83f.
Kellogg (M.W.) Company 82f.
Kistiakowsky, G.B. 106, 110
Koch, H. 33
Korsching, H. 130
Kowarski, L. 32ff., 42, 48, 51ff., 61, 137

Lawrence, E.O. 15, 22, 37, 63ff., 66, 82ff., 99f., 123
Leipzig 113, 116
Lindemann, F. 36
Little Boy 109, 125
Los Alamos Scientific Laboratory 101f., 122f., 132f., 135, 138
Lysenko, T.D. 140

McMillan, E.M. 53ff.
Manley, J.H. 101
May, A.N. 133ff.
Meitner, L. 22f., 25f., 52
Metallurgical Laboratory (Chicago) 65f., 69f., 88-97, 123f.
Metropolitan-Vickers 11, 52
Milch, E. 116
Montréal Laboratory 53, 66, 69, 131, 134, 136, 141
Moon, P. 39
Morrison, P. 127

Nagasaki 126f., 130f., 134, 152
Neddermeyer, S.H. 106f.
Newton, I. 12
Niels Bohr Institut (Kopenhagen) 10, 21, 28, 32f., 52, 115
Nishina, Y. 37, 121, 126
Norsk Hydro (Rjukan) 47ff., 114, 117

Oak Ridge Laboratory 80f., 93ff., 104ff., 123
Obninsk 142
Occhialini, G.P.S. 15
Ohnesorge, W. 112f.
Oliphant, M. 39, 58, 63, 82
Oppenheimer, J.R. 99f., 101f., 123, 129, 138

Pearson, D. 131
Peierls, R. 51, 55, 58f., 84, 103, 118, 148
Penney, W. 126, 135
Perrin, F. 38f.
Plaçzek, G. 28, 31, 40, 101
Planck, M. 5
Pontecorvo, B. 18, 136

Rayleigh, Lord 57
Rittner, T.H. 129
Röntgen, W. 1
Rosbaud, P. 25

Namenverzeichnis

Rosenfeld, L. 27f.
Rutherford, E. 2, 3ff., 12, 14ff., 30f., 36, 60

Sacharov, A. 140
Sachs, A. 41
Sagane, R. 37, 127
SAM Laboratory 83
Savitch, P. 22f.
Seaborg, G.T. 60f., 65f., 92, 94, 105
Segrè, E. 18, 19, 105
Sellafield 135
Sengier, E. 35
Serber, R. 127
Simon, F.E. 52, 55, 59, 64
Skardon, W. 136
Smyth, H.D. 96, 131
Soddy, F. 3, 7
Stadtilm 119
Stark, J. 49
Stimson, H.L. 122, 124f., 128
Stine, C. 92
Straßmann, F. 22, 25, 28f., 31
Steeter, C.B.H. 128
Szilard, L. 30, 33f., 41, 44f., 60, 92f., 123, 131

Tatloch, J. 101

Teller, E. 100, 102, 106, 139
Tennessee Eastman 80
Thomson, G.P. 35f., 39, 41, 52, 55
Thomson, J.J. 1f., 5, 7, 35
Thompson, S.G. 92
Three Mile Island 148
Tizard, Sir H. 36
Trinity 108f., 124
Tschernobyl 148
Tube Alloys 59

Union Carbide and Chemicals Corporation 83
US Atomic Energy Commision 132
Urey, H.C. 15, 22, 64f., 83ff.

Walton, E.T.S. 10, 14, 30
Weizäcker, C.F. von 43, 49, 54, 113f., 119f.
Wesch 120
Wheeler, J.A. 31, 40, 54
Wigner, E.P. 35, 68, 92f.
Wilson, V.C. 91
Windscale 135
Wirtz, K. 117, 119f., 129

Zinn, W.H. 97

Sachverzeichnis

Actinium 23, 24
Alphastrahlung 16
Alphateilchen 3, 6, 9f., 17, 154
Alsos-Mission 118ff.
Aluminium 17, 155
Atom 153
Atombombe 1, 18, 29ff., 35, 41, 49, 50ff., 63, 99, 111, 121, 125, 129, 135, 141
Atomenergie 56
Atomkern 4
Atomkernmodell 21
Atommodell 153
-, Bohrsches 9, 12
-, klassisches 3, 9
Atomspaltung (s. a. Kernspaltung) 11
Atomwaffe (s. a. Atombombe etc.) 133, 138
Atomzertrümmerer (s. a. Beschleuniger) 14, 21

Barium 23
Beryllium 14, 20, 42, 107
Berylliumstrahlung 14
Beschleuniger (s. a. Zyklotron) 11, 14f., 17, 21f., 113, 155
Bor 17
Brennstoff, fossiler 150
Brennstoffzyklus 150

Cadmium 89
Calutron 64, 81
Cäsium 18
Chlor 45
Comptes Rendus (Zeitschrift) 33

Deuterium 15, 139, 153
Deuteron 15
Diffusionsmembran (s. a. Isotopentrennung) 83

Elektron 153
Element, künstliches 19
Energie s. Atomenergie, Kernenergie
Energiequantum 5f.
Energiequelle, alternative 150ff.

Fluor 18

Gammastrahlung 154
Gasdiffusion (s. a. Isotopentrennung) 61, 67, 80, 84, 94, 112
Geigerzähler 4, 17f.
Gitteranordnung (s. a. Kernreaktor) 39, 42, 88, 117
Graphit (s. a. Moderator, Reaktortypen) 39, 43, 47

Implosion 106ff., 128
Initiator 107, 128
Interim Committee 122ff.
Isotop 7f., 22, 153
Isotopenschleuse 112
Isotopentrennung (s. a. Gas-, Thermodiffusion) 8, 42, 44, 51, 56, 62, 94, 111
-, elektromagnetische 61, 64, 67, 80, 112

Johnson-Wand 84

k-Wert 38, 41f., 53, 88f., 117f.
Kernbau 20
-, Tropfenmodell 20f., 25f.
Kernenergie 41
Kernexplosion 29, 41, 100, 133, 136
Kernfusion 100, 139, 142, 151, 155
Kernkraft 41
Kernkraftwerk 141f., 145
Kernreaktor (s. a. Reaktor) 19, 44, 90, 142
Kernspaltung 27, 41, 142, 155
Kernsprengstoff 36, 49, 105, 111, 125
Kernumwandlung 7

Sachverzeichnis

Kernumwandlung, künstliche 21, 155
Kernwaffe 44
Kettenreaktion 29ff., 35, 37, 41f., 45, 65, 89, 91, 111, 133, 155
kritische Größe (Masse) 38f., 44, 88f., 99, 116
-- und unterkritische Anordnung 38f., 41f., 46, 52, 88f., 104, 106, 111, 113ff.

La Ricerca Scientifica (Zeitschrift) 20
Lanthan 23
Lithium 11
Lithiumdeuterid 140ff.

Magnesium 17
Magnox Reaktor 144ff.
Membrandiffusion (s.a. Isotopentrennung) 58
Manhattan-Projekt 67ff., 86f., 91f., 99f., 104, 111, 118, 122ff., 128, 131, 141, 148
Massenspektrograph 8, 62ff., 154
MAUD-Report 52-64, 99, 104f.
Mesothorium 24
Moderator (s.a. Reaktortypen) 19f., 39f., 42ff., 94, 113, 155
Müll, radioaktiver 149

Nature (Zeitschrift) 27, 33
Natururan 42, 44
Naturwissenschaften (Zeitschrift) 24, 26, 28
Neon 45
Neptunium 53, 62f.
Neutronen 15, 153
-, langsame 40, 44, 61, 155
-, schnelle 44, 155
Neutronenabsorption 47, 96
Neutronenmultiplikationsfaktor (s.a. k-Wert) 37, 44, 88, 116
Neutronenquelle 20, 40, 53
Neutronenreflektor 118
Neutronenvervielfachung 46, 107, 114
Norris-Adler-Wand 84

Paraffin (s.a. Moderator, Reaktortypen) 19
Phosphor 17, 155
Physical Reviews (Zeitschrift) 34, 53
Positron 15, 154
Plutonium 40, 60, 95, 97, 105
Plutoniumbombe 40, 63, 126

Plutoniumproduktion 92, 133, 135, 142
Plutoniumprogramm 88, 93
Polonium 2f., 107, 154
Poloniumquelle 16ff.
Positron 15, 154
Proton 6, 15f., 153
Protonenbeschleuniger 17

Quantenmechanik 9, 10, 12ff.
Quantentheorie 9f., 12ff.
Quebec Abkommen 69, 82ff., 103

Radioaktivität 2, 9, 18, 51, 154
-, künstliche 17
Radium 2, 9, 18, 20
Reaktor 4, 20, 37, 39f., 43ff., 48f., 52ff., 60, 64, 88, 134
-, gasgekühlter 92, 146
-, wassergekühlter 93, 146
Reaktortypen, Druckwasserreaktor 144
-, Leichtwasserreaktor 122
-, Magnox-Reaktor 144ff.
-, Schneller Brüter 146
-, Uran/Graphit 67, 111
-, Uran/Paraffin 115
-, Uran/Schwerwasser 47, 111, 116
-, Uranoxid/Paraffin 40
-, Uranoxid/Trockeneis 46
-, Uranoxid/Wasser 40
Reaktorunfall 148
Relativitätstheorie 4, 49
Rubidium 18

S-1 Committee 62, 66f., 111, 131
Sekundärneutronen 29, 32, 37
Seltene Erden 23
Smyth-Report 131
Sonnenenergie 150ff.
Spaltungsbombe 100
Strahlenschutz 149f.
Superbombe (s.a. Wasserstoffbombe) 29, 139ff.

Thermodiffusion (s.a. Isotopentrennung)
- in der Flüssigphase 61, 64, 66f., 85f., 112
- in der Gasphase 45f., 51, 58, 61, 111f., 121
Thorium 114
Transuran-Element 22f., 54f.
Tunneleffekt 10, 12

Sachverzeichnis

Unschärferelation 12f.
Uran 7, 153
- -235 31, 44, 113
- -238 31
Uran/Graphit 67, 111
Uran/Paraffin 115
Uran/Schwerwasser 47, 111, 116
Uranberatungsausschuß 41, 60f.
Uranerz 35
Uranerzvorkommen 147
Uranhexafluorid 45, 52, 56, 83
Uranisotop 22
Uranoxid 35, 46, 114
Uranoxid/Paraffin 40
Uranoxid/Trockeneis 46
Uranoxid/Wasser 40
Uranprogramm 88

Urantetrachlorid 82
Uranverein 43, 46, 49, 111, 117
Uranylnitrat 33

Wasser, schweres 43, 47f., 51, 94
Wasserstoffatom 19, 153
Wasserstoffbombe 100, 138, 140ff.
Wasserstoffisotop 100
Wismut 92

Xenon-135 96

Zentrifuge 61, 64, 67, 111
Zerfall, radioaktiver 154
Zyklotron 15, 17, 21f., 48f., 60ff., 132, 134, 155

H. Kiefer, W. Koelzer, Karlsruhe

Strahlen und Strahlenschutz

Vom verantwortungsbewußten Umgang mit dem Unsichtbaren

2., erweiterte und aktualisierte Auflage. 1987.
44 zum Teil farbige Abbildungen, 39 Tabellen. XII, 163 Seiten. Broschiert DM 32,-. ISBN 3-540-17679-9

Inhaltsübersicht: Die Erforschung der strahlenden Natur. - Der Nachweis ionisierender Strahlung - Das Spinthariskop, der Geiger-Zähler, der Phoswich-Detektor. - Welchen Strahlen aus der Natur sind wir ausgesetzt? - Vom Menschen erzeugte und genutzte Strahlenquellen. - Auch bei Strahlung: Die Dosis macht's. - Risikoabschätzung: Eins zu einer Million. - Der Reaktorunfall in Tschernobyl und seine Auswirkung in der Bundesrepublik Deutschland.

Das Buch erläutert die Entwicklung unserer Kenntnisse über Strahlen und setzt sich mit Fakten und Hypothesen zum Thema „Strahlen und Strahlenschutz" auseinander. Es ist bewußt so geschrieben, daß keine Kenntnisse in Physik oder Medizin zum Verständnis notwendig sind. Man findet die Entdeckungen der Röntgenstrahlen und der Radioaktivität genauso wie die Beschreibung der frühen Strahlenschäden. Ein Kapitel befaßt sich mit der Strahlenschutzmeßtechnik bis zu Entwicklungen aus allerjüngster Zeit. Die Strahlenexposition des Menschen aus natürlichen und künstlichen Quellen ist mit zahlreichen Tabellen und Abbildungen belegt. Ein weiterer Schwerpunkt ist die biologische Wirkung der Strahlung, wobei klar zwischen Hypothesen und Fakten getrennt wird. Aus diesen Erkenntnissen folgen schließlich die Risikoüberlegungen, die zu den heute gültigen internationalen Strahlenschutzempfehlungen führen.

Springer-Verlag
Berlin Heidelberg
New York London
Paris Tokyo Hong Kong

Springer

N. Blaedel, Copenhagen, Denmark

Harmony and Unity

The Life of Niels Bohr

Scientific Revolutionaries: A Biographical Series

1988. 154 figures. XII, 323 pages. Hard cover
DM 98,-. ISBN 3-540-19334-0

Niels Bohr, the founder of quantum mechanics, is generally considered to be one of the greatest scientists of the 20th century. His work revolutionized natural science, and his name is inscribed in history side by side with the names of Galileo, Newton, and Einstein. He won the Nobel Prize in physics for his model of the atom, which is still taught today in science classes everywhere. But the image of Bohr is complete only when the physicist is joined with the person Niels Bohr. This book, skillfully interweaving Bohr's scientific and personal life, is the first biography to be based on the extensive archives of the Bohr Institute of Physics in Copenhagen, and on excerpts from many of Bohr's letters to his family, his friends, and his colleagues. In addition, the book includes more than 150 photographs, as well as extracts from Bohr's personal correspondence to his wife, Margarthe, dating from the time of their engagement to just before his death 50 years later. This work of scientific biography is accessible to both the scientists and the general reader. Skillfully translated from the original Danish by Geoffrey French, the book has been carefully edited for an English-speaking readership.

Springer-Verlag
Berlin Heidelberg
New York London
Paris Tokyo Hong Kong

Jointly published by
Springer-Verlag Berlin Heidelberg New York London
Paris Tokyo Hong Kong and Science Tech
Publishers, Madison, WI, USA

Distribution rights for the USA, Canada and Mexico:
Science Tech Puiblishers, Madison, WI

MIX
Papier aus verantwortungsvollen Quellen
Paper from responsible sources
FSC® C105338

If you have any concerns about our products,
you can contact us on
ProductSafety@springernature.com

In case Publisher is established outside the EU,
the EU authorized representative is:
Springer Nature Customer Service Center GmbH
Europaplatz 3, 69115 Heidelberg, Germany

Printed by Libri Plureos GmbH
in Hamburg, Germany